后浪出版公司

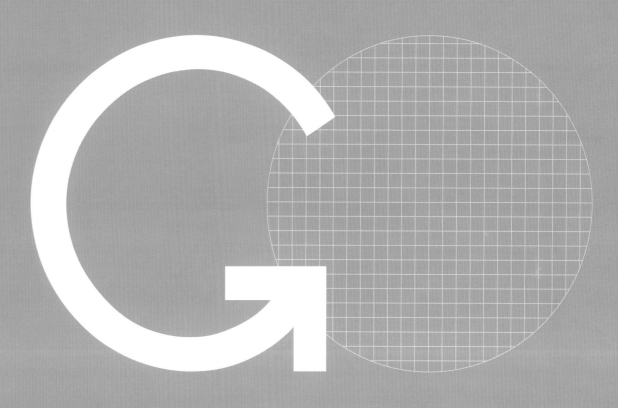

WHERE THE ANIMALS GO

动 物 去 哪 里

Tracking Wildlife with Technology in 50 Maps and Graphics

by ——————— James Cheshire & Oliver Uberti

[英] 詹姆斯·切希尔 [英] 奥利弗·乌贝蒂 著　谭羚迪 译

CTS | 湖南美术出版社

全 国 百 佳 图 书 出 版 单 位

·长沙

Where the Animals Go: Tracking Wildlife with Technology in 50 Maps and Graphics
by James Cheshire and Oliver Uberti
Copyright © James Cheshire and Oliver Uberti, 2016
First published 2016
First published in Great Britain in the English language by Penguin Books Ltd.
Simplified Chinese translation © 2021 by Ginkgo (Beijing) Book Co., Ltd.
Published under licence from Penguin Books Ltd.
The author has asserted his moral rights.
All rights reserved.
Penguin (企鹅) and the Penguin logo are trademarks of Penguin Books Ltd.
Copies of this translated edition sold without a penguin sticker on the cover are unauthorized and illegal.
封底凡无企鹅防伪标识者均属未经授权之非法版本。
湖南省版权局著作权合同登记号：图字 18-2021-54 号
版权所有，侵权必究

图书在版编目（CIP）数据

动物去哪里 /（英）詹姆斯·切希尔 (James Cheshire),
（英）奥利弗·乌贝蒂 (Oliver Uberti) 著；
谭羚迪译 . -- 长沙：湖南美术出版社，2021.11（2023.2 重印）
ISBN 978-7-5356-9469-0

Ⅰ . ①动… Ⅱ . ①詹… ②奥… ③谭… Ⅲ . ①动物 –
迁徙 – 普及读物 Ⅳ . ① Q958.13-49

中国版本图书馆 CIP 数据核字 (2021) 第 075671 号

动物去哪里
DONGWU QU NALI

出 版 人：黄　啸

著　　者：［英］詹姆斯·切希尔 (James Cheshire)　　　　译　　者：谭羚迪
　　　　　［英］奥利弗·乌贝蒂 (Oliver Uberti)

选题策划：后浪出版公司　　　　　　　　　　　　　　　出版统筹：吴兴元
编辑统筹：费艳夏　　　　　　　　　　　　　　　　　　特约编辑：马　楠　费艳夏
责任编辑：贺澧沙　　　　　　　　　　　　　　　　　　营销推广：ONEBOOK
封面设计：墨白空间
出版发行：湖南美术出版社（长沙市东二环一段 622 号）　印　　刷：天津图文方嘉印刷有限公司
　　　　　后浪出版公司　　　　　　　　　　　　　　　　　　　　　（天津市宝坻经济开发区宝中道 30 号）
开　　本：787×1194　1/12　　　　　　　　　　　　　字　　数：229 千字
印　　张：14.5　　　　　　　　　　　　　　　　　　版　　次：2021 年 11 月第 1 版
书　　号：ISBN 978-7-5356-9469-0　　　　　　　　　印　　次：2023 年 2 月第 2 次印刷
定　　价：176.00 元

读者服务：reader@hinabook.com 188-1142-1266　　　　投稿服务：onebook@hinabook.com 133-6631-2326
直销服务：buy@hinabook.com 133-6657-3072　　　　　网上订购：https://hinabook.tmall.com/（天猫官方直营店）

审图号：GS（2021）5729号
后浪出版咨询(北京)有限责任公司常年法律顾问：北京大成律师事务所　周天晖 copyright@hinabook.com
未经许可，不得以任何方式复制或抄袭本书部分或全部内容
本书若有印装质量问题，请与本公司图书销售中心联系调换。
电话：010-64010019

詹姆斯

献给伊斯拉

奥利弗

献给加文、凯莉和阿林娜

序 言

编辑朋友找我翻译这本书的时候，我看到书里的地图很漂亮，一时冲动就答应了——当时还不知道自己答应了什么！后来才知道，翻译地图书需要无穷的耐心。首先是地图上的地名要自己一一誊写出来翻译，然后各种语言的偏僻地名都要查到正确念法以便音译（最夸张的是有一次遇到在非洲研究长颈鹿的学者来中国演讲，我揪住讲者，拜托他为我演示几个茨瓦纳语和斯瓦希里语地名的发音）。等到做完，已经快要忘记自己开始的时候是什么心情了。

其实，一开始准备翻译此书，除了喜欢地图，还因为内容与自己的工作有关。读研究生时，我为了出野外，加入了巴利阿里鹱（信天翁的亲戚）的研究项目，给鸟装感光记录器（就是"北极燕鸥的世界纪录"里的那种）。记录器很小很轻，只测两个数据：亮度和电导率（反映是否浸水），当时的工作是从几百万行这样的数据中，拼凑出鸟是在洞里趴窝还是在外面飞行，是在水上休息还是在反复下水觅食，是抖了下翅膀还是潜了下水。时间长了，为了出野外看鸟而加入项目的我只要看着一行行数据，脑海中就会浮现鸟的动作，成了一名足不出户看鸟的"表格生态学家"。

后来我来到山水自然保护中心做实际的自然保护工作，开始见识到动物跟踪手段对物种和栖息地保护的作用。首先至少能让人意识到一些栖息地的重要性：对鹬鹬类的详细跟踪研究发现，有些鹬鹬在迁徙季居然从澳洲一口气飞到我国黄渤海沿岸，才停下来找吃的——这时候如果这片栖息地突然没了，后果可想而知，这样的研究结果让人们更加下定决心要保护黄渤海的滩涂。跟踪动物还能让保护工作者讲出很好的故事，让更多人认识常见物种：在北京，人们给北京雨燕和大杜鹃装上跟踪器，发现这两种夏天在北京很常见的鸟实际上都会迁徙到非洲——只要想到这一点，普通市民也会对这些身边的鸟类肃然起敬。

为了检验保护的成果，有时也会用到书中提到的跟踪手段。北京的奥林匹克森林公园当初建园时，做了一件了不起的事——在北五环上方为公园里的野生动物建了一座生态廊道桥。看过"为路所困的美洲狮"一章就会知道，这在任何一个国家都是很厉害的重大决定。但这座桥建成十几年来，一直没有人去检验动物是否真的在使用它。直到去年，我们借着跟奥森合作项目的机会，在桥上设置了红外触发的相机陷阱（可参见"美洲豹自拍"），获得了刺猬、黄鼠狼在桥上的"自拍"。这意味着这些动物确实可以安全通过车来车往的北五环，人类至少可以为与我们共享城市的动物提供这一点方便。

红外相机是自然保护行业很常用的监测工具，我们用它了解一片栖息地上有哪些动物，推断动物的行为习惯和种群状况。在一个地方拍到重要的物种，也被认为是这个地方"值得保护"的证明。然而，对滇西南的保护地孟连黑山来说，这种想法在当地的知识和信仰面前都显得太幼稚了。那里的阿卡族保护工作者阿布姐会说：孟连黑山的自然资源之所以还在，是因为当地人把这片地视为神山，世世代代用命守护它，

而不是因为谁"发现了它的保护价值"。外来人指望通过高科技去发现这里有什么食物链顶级的动物，然后再建一个保护地去保护它，是非常自以为是的。但从另一种角度，她希望安装红外相机能够成为当地年轻人去认识自然的一种方式（以前的年轻人会通过学习打猎来认识自然），希望通过培训年轻人进山装相机，重新建立人和自然的连接，进而守护神山，而不仅仅是为了发现神山里有什么动物、"证明"它有保护价值。

对本书的所有内容，我们或许都可以这么想一想。如果目的仅仅是发现动物行踪、进行数字化、绘制地图的话，我们去跟踪动物的意义也就很肤浅了，甚至反而会是一种不敬和破坏。实际的保护工作告诉我们：像本书这样了解和呈现数据很重要，但是数据救不了大多数动物，更救不了人类。我们受到数据的启发之后，应该去考虑更多的东西，至于那是什么，各位读者读后可能会有各自的看法吧。

谭羚迪

亲爱的孩子，这是一个故事——一个新的奇妙故事，和其他故事都大不相同。

——拉迪亚德·吉卜林(Rudyard Kipling)①

地图目录^①

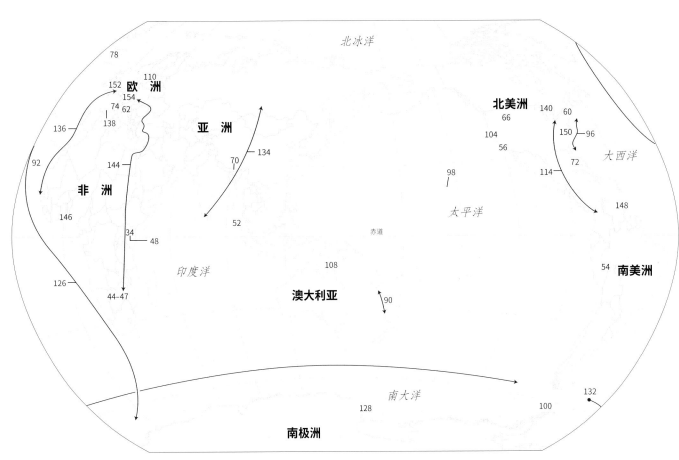

① 地图上标示出的是区域、迁徙路线和相应的页码。——译者注

致 谢

本书是关于动物的，也是关于动物研究者的。我们对支持这个项目的人们不胜感激。他们以数据和洞察力为每一只动物发声，我们希望这本图解能够放大这些声音。

有几位研究者愿意分享数据、提出建议、介绍我们认识其他科学家，对我们帮助特别大。特别感谢同样热爱长颈鹿的戴维·奥康纳（David O'Connor），感谢他与我们讨论他自己的研究，还帮我们联系了1）"拯救大象"机构（Save The Elephants，简称STE），2）圣迭戈动物园总会（San Diego Zoo Global）的同事，3）朱利安·芬尼西（Julian Fennessy），为我们提供了关于长颈鹿的一切所需数据；达米安·法里纳（Damien Farine）提供了鸣禽数据，让詹姆斯从康斯坦茨搭车，对本书也一直保有热情；马丁·维克尔斯基（Martin Wikelski）与我们分享他的看法，还指引我们认识了马克斯·普朗克鸟类学研究所许多出色的人员；露西·霍克斯（Lucy Hawkes）提供了大量的数据，也让我们更有前进的

动力。我们还得到了伊恩·道格拉斯－汉密尔顿（Iain Douglas-Hamilton）、弗兰克·波普（Frank Pope）和"拯救大象"整个团队的关照，他们招待了奥利弗，也进行了精彩的谈话和提供了难得的访问机会；承蒙菲利帕·萨马拉（Filipa Samarra）的邀请，詹姆斯得以前往韦斯特曼纳群岛，与岛上的团队共度时光，得到了热情的接待。还要感谢福尔克尔·德克（Volker Deecke），在北大西洋漂泊时与我们做伴。

第一部

感谢：罗宾·奈杜（Robin Naidoo）和哈蒂·巴特拉姆－布鲁克斯（Hattie Bartlam-Brooks）分享斑马的轨迹；加布里埃莱·科齐（Gabriele Cozzi）分享斑鬣狗的数据；泽格·维希（Serge Wich）分享关于无人机的开创性工作。感谢马蒂亚斯·托布勒（Mathias Tobler）在前往亚马孙的旅途奔波之余，挤出时间来回应关于美洲豹的电话和邮件。我们必须感谢马丁·加马什

（Martin Gamache）为我们介绍了温斯顿·维克斯（Winston Vickers），一位真正的野生动物保护英雄。他除了保护美洲狮、不让它们灭绝之外，还救助了受石油泄漏影响的海洋生物。感谢胡贝特·波托奇尼克（Hubert Potočnik）在卢布尔雅那的潮湿秋日，与詹姆斯分享斯拉夫奇的故事。感谢斯科特·拉普安（Scott LaPoint）与我们分享他的渔貂研究。阿瑟·米德尔顿（Arthur Middleton）平时很忙，比起回邮件更愿意追踪马鹿，但他总是给我们回复很好的建议。要不是有珍妮·尼科尔斯（Jenny Nichols）的介绍，我们可能永远都联系不上阿瑟，也正是珍妮向我们透露奈杜的斑马创造了非洲纪录。感谢香农·皮特曼（Shannon Pittman）的蟒蛇故事和达妮埃尔·默施（Danielle Mersch）的蚂蚁故事。我们把迈克尔·努南（Michael Noonan）的故事放到了引言中，不过似乎在这里表示感谢也比较合适：感谢他解释了如何利用磁场追踪獴的地下活动——尽管那种复杂机制真的让詹姆斯很崩溃。

第二部

非常感谢马克·约翰逊（Mark Johnson）和勒内·斯威夫特（René Swift）介绍了他们那令人叹服的技术，并花时间为我们解读回声图。也要感谢帕特里克·米勒（Patrick Miller）与我们分享他的鲸的声呐数据。感谢克莱尔·加里格（Claire Garrigue）的座头鲸研究，以及马修·威特（Matthew Witt）和努里亚·瓦罗（Nuria Varo）的海龟研究。感谢格雷姆·海斯（Graeme Hays）慷慨分享了海龟和水母的数据。感谢尼尔·哈默施拉格（Neil Hammerschlag）分享"恐惧景观"的故事，感谢金·霍兰（Kim Holland）对奥利弗大谈鲨鱼的传说。感谢克林特·布莱特花费大量时间，为詹姆斯介绍了圣安德鲁斯大学的许多优秀研究人员。感谢迈克·费达克（Mike Fedak）在他生日当天跟我们聊了鲁道夫的旅程，真应该给他送块蛋糕！我们还要感谢蒂姆·廷克（Tim Tinker）、米歇尔·施特德勒（Michelle Staedler）和萨拉·埃斯皮诺萨（Sarah Espinosa）关于蒙特雷湾海獭的帮助和建议，也多亏了珍妮·凯勒（Jenny Keller）和塞塞莉娅·阿日德里安（Cecelia Azhderian）当初帮我们牵线。感谢克雷格·富兰克林（Craig Franklin）和罗斯·德怀尔（Ross Dwyer），他们总是很乐意谈论鳄鱼和数据共享的事情。感谢米卡埃尔·埃克瓦尔（Mikael Ekvall）提供涂有量子点的浮游生物的活动轨迹。

第三部

史蒂夫·克林（Steve Kelling）、克赖斯特·伍德（Christ Wood）和eBird团队热情接待我们到访啄木鸟森林，在此致以像羽毛一样绚丽的谢意。伊恩·戴维斯（Ian Davies）特别够意思，在4月寒冷的早晨还愿意带我们看鸟。感谢巴尔特·克朗斯特劳贝尔（Bart Kranstrauber）为詹姆斯详细解释"鸟类高速公路"，也感谢约西·莱谢姆（Yossi Leshem）为奥利弗详细解释鸟类探测雷达。非常感谢卡斯滕·艾格凡（Carstern Egevang）和鲁本·法因（Ruben Fijn）分享北极燕鸥的数据，也感谢理查德·菲利普斯（Richard Phillips）分享信天翁的数据。感谢彼得·弗雷特韦尔（Peter Fretwell）在剑桥两次招待了詹姆斯，和他讨论企鹅和信天翁。感谢罗里·威尔逊（Rory Wilson）在斯旺西花了一下午讨论本书。感谢威尔逊团队的埃米莉·谢泼德（Emily Shepard）和汉娜·威廉斯（Hannah Williams）帮助我们解析兀鹫的盘旋。感谢彼得·德梅（Peter Desmet）分享鸥的故事，也要感谢他倡导的数据共享。感谢迪娜·德什曼（Dina Dechmann）的果蝠故事和安德烈亚·弗拉克（Andrea Flack）的白鹳故事。在一个雪夜，我们承蒙亨利·斯特雷比（Henry Streby）的邀请到他家讨论金翅莺。特别感谢戴夫·布林克尔（Dave Brinker）和斯科特·韦德塞尔（Scott Weidensaul），在业余时间以世界级的水准执行着暴风雪计划（Project SNOWstorm），还从这些业余时间中又抽出时间，带我们在安大略省看雪鸮。

感谢德克·施泰因克（Dirk Steinke）带我们参观安大略生物多样性研究所，也感谢研究所的创立者保罗·赫伯特（Paul Hebert）和数据管理员苏基万·拉那辛汉（Sujeevan Ratnasingham）与我们分享动物DNA的奥秘。最后感谢布赖恩·布朗（Brian Brown）、乌斯卡·德姆萨（Urska Demsar）、罗宾·弗里曼（Robin Freeman）、戴维·雅各比（David Jacoby）、梅琳达·霍兰（Melinda Holland）、瑞安·卡斯特纳（Ryan Kastner）、乔希·库恩（Josh Kuhn）、杰德·朗（Jed Long）、梅甘·欧文（Megan Owen）、斯特莎·帕萨奇尼克（Stesha Pasachnik）、卡姆兰·萨菲（Kamran Safi）、詹姆斯·谢泼德（James Sheppard）、杰夫·特蕾西（Jeff Tracey）在本书写作之初给出的建议。

还有许多其他专家帮助我们改进了本书中动物之外的元素。杰尔姆·库克森（Jerome Cookson）是我们的好朋友，也是一位优秀的地图制图师，他设法在短短10周内迅速帮我们检查了所有地图。举个例子：你知道在廷巴克图（Timbuktu），穿过尼日尔河的是一条渡轮航线（而不是公路）吗？你知道廷巴克图实际上应该写作通布图（Tombouctou）吗？感谢他告诉我们这样的知识，并多次提出敏锐的质询和校订。

伦敦大学学院地理系人才济济。非常感谢阿利斯泰尔·利克（Alistair Leak）的侦探工作，他为地图底图收集、汇编数据；奥利弗·奥布赖恩（Oliver O'Brien）帮我们标注偏远的地点；艾莉森·劳埃德（Alyson Lloyd）分享推特数据收集的故事；汤姆·奈特（Tom Knight）搭建用于运算的服务器；米克罗·穆索勒斯（Micro Musolesi）为我们介绍了圣安德鲁斯大学海洋哺乳动物研究组。感谢消费者数据研究中心的各位提供的支持。

詹姆斯表示：做这本书需要一定程度的自私，如果不是我最亲近的人如此耐心和宽容，我可能会变得非常孤独。每当我从埋首工作的状态中抬起头来透口气的时候，家人和朋友都会在一旁鼓励我。衷心地感谢他们所有人。特别感谢莫伊拉（Moira）帮我校对，感谢她一直是个好室友。我最后要对伊丝拉致以最大的谢意，感谢她对本书如此热情，做了许多事情，帮助我坚持完成。如果没有她，我肯定做不到。

奥利弗则说：只要是和我认识了一段时间的人，听说我想试着做一本艺术结合动物的书时，都一点也不惊讶。菲尔、埃林、迈克和格伦从一开始就鼓励我实现这个想法，我对他们感激不尽。比尔·麦克纳尔蒂（Bill McNulty）向我介绍了安妮，迈克·法伊（Mike Fay）、迈克尔·尼科尔斯（Michael Nichols）和《国家地理》团队的其他成员帮我把她的故事写得令人难忘，在此对他们致以迟到的谢意。感谢马里萨·弗尔珀（Marisa

Fulper），她是一位出色的助理。我母亲总会打电话提醒我，问题的答案会在明早出现——我也的确总是在第二天早上找到答案。最后，要向索菲献上我的爱意和最深的感谢，我自己都不相信能完成本书，她却始终坚信我能做到。

感谢我们的代理人路易吉·博诺米（Luigi Bonomi）和Particular Books出版社的团队，没有他们的支持，就没有这本书。特别感谢塞西莉亚·斯坦（Cecilia Stein）可靠的编辑工作，以及她对这个项目从提案到出版始终不曾动摇的信心。也感谢书籍设计师吉姆·斯托达特（Jim Stoddart）鼓励我们赶走了长颈鹿屁股后面的那只鲸〔它"脸上带着（像鲸般）坚定的表情"〕[1]。感谢色彩制作团队，是他们让书页栩栩如生。出版社相信书可以做得漂亮，也应该做得漂亮，能与这样的出版社合作，我们感到无比荣幸。

---

[1] 在本书英国版最初的封面设计方案中，封面的长颈鹿屁股后面还跟着一只表情坚定的鲸，设计师吉姆·斯托达特鼓励他们将这部分删除。——译者注

前言

安　妮

　　2006年，我在《国家地理》杂志社当设计师，地图主管请我为一个讲述非洲中部大象的故事画张地图。这些大象的数量因为盗猎已经从1970年的30万头减少到了2005年的1万头。杂志社派生态学家迈克·法伊和摄影师迈克尔·尼科尔斯到乍得东南部，去记录至今还生活在扎库马国家公园（Zakouma National Park）的大象——那是这片地区最后的堡垒之一。他们知道象群会在雨季离开公园，却不知道离开公园的大象会去哪里，也不知道它们在公园外面对盗猎威胁时会有多脆弱。他们希望借助GPS追踪项圈找到答案。

　　2006年5月23日，团队成员在公园北界附近给一只带崽的母象戴上了项圈，并给她取名"安妮（Annie）"。有些科学家仍对给动物起名字的想法感到愤怒，提倡用识别编码来代替取名。"拯救大象"机构的创始人伊恩·道格拉斯-汉密尔顿（Iain Douglas-Hamilton）认为，反对给动物起名毫无道理。"名字（比编码）好记多了，"他说，"你可以叫它宙斯，或者阿波罗，或者克林特·伊斯特伍德[1]，不过一旦把名字安在大象头上，就不再是原来那个意思了。"

　　到了6月，安妮和她的幼崽已经在10天内走了80千米。"真不敢相信它们走得那么远、那么快。"法伊在杂志里写道。那年夏天剩下的时间里，他和尼科尔

---

[1] 美国电影演员，曾出演电影《荒野大镖客》《黄昏双镖客》《黄金三镖客》等。——译者注

斯一直关注着安妮的选择：看着她直奔最丰美的植被；看着她等到夜幕降临再过马路——他们推测可能是为了尽量避开人类。在过去的12个月里，盗猎者已经在扎库马及周边地区猎杀了近900头大象。尼科尔斯在文章附带的一段视频里说："如果你能设身处地地思考，就想象一下我们看到的那些在水坑旁和妈妈一起玩耍的象宝宝，再想想它们将要经历的恐惧。在中枪倒地之前，它们还能奔跑多远？"

安妮的旅程只持续了12周，1,633千米。8月15日，法伊发现她的项圈不动了。然后，信号消失了。法伊直到9月才得以返回乍得。当他来到安妮最后一次传回信号的地方时，只找到皮、骨头，还有残存的她8个同伴的破碎尸体。毫无疑问，它们被盗猎了。

她的故事让我第一次因地图而与一只动物的生命结缘，并且令我的意识产生了不可磨灭的巨变。

自我画地图记录安妮的足迹以来，虽然已经过去了十年，但每次看见那由红点构成的轨迹，还是会想起道格拉斯-汉密尔顿关于给大象取名的话。我看到的不仅是红点，不仅是某种动物，我看到的是安妮。她的故事让我第一次因地图而与一只动物的生命结缘，并且令我的意识产生了不可磨灭的巨变。

当时，我坐在位于华盛顿哥伦比亚特区的《国家地理》杂志社总部八楼，就是在那儿，我开始注意到两种趋势。我们的摄影师和作者见证着非法野生动物贸易、过度捕捞、污染、森林破坏、珊瑚礁死亡、冰川融化、海平面上升等人类变本加厉地折磨地球之后

留下的种种劣迹，而与此同时，我也开始看到更多像安妮这样的故事出现在我面前：在冰川国家公园用无线电追踪狼獾①、用卫星追踪金枪鱼穿越大西洋、用感光数据追踪环绕南极飞行的信天翁等。科学家开始用越来越多的方法把我们和动物联系在一起，这令人满怀期待。

几年后，我和詹姆斯一起创作了第一本书，那是一本地图和图解的集子，呈现了伦敦的一些开放数据。当我们考虑用其他城市的数据接着出本续集时，我想起了在《国家地理》做过的那些追踪故事。我们问出版社："动物追踪怎么样？"

这个选题乍看之下不太合乎逻辑。我和詹姆斯都不是生物学家。他是个地理学家，而我是个设计师。但动物追踪技术革命的美妙之处正在于此。生态学与技术的融合让来自更多学科的更多人参与到保护问题的对话中，其中还有一部分原因在于如今科学家收集到的数据太多，不可能独自处理。有的追踪设备每秒采样多次。一周过后，你就已经有几百万个数据点要处理了。要是研究的时间再长一些，科学家就要被数据淹没了。他们需要帮助——来自工程师、程序员、统计学家、地理学家和设计师的帮助。

如果你曾梦想从事关于动物的工作，或者加入公民科学家项目，那就让本书为你导航吧。在接下来的内容里，你会看到许多先驱的努力，他们组建了跨国、跨学科的团队，从而可以充分利用动物数据。他们一直在寻找新的人才。如果你是科学家，我们希望本书

① 学名 *Gulo gulo*，又名貂熊，主要分布在北美与欧亚大陆的北极–亚北极地区。以神出鬼没著称。——译者注

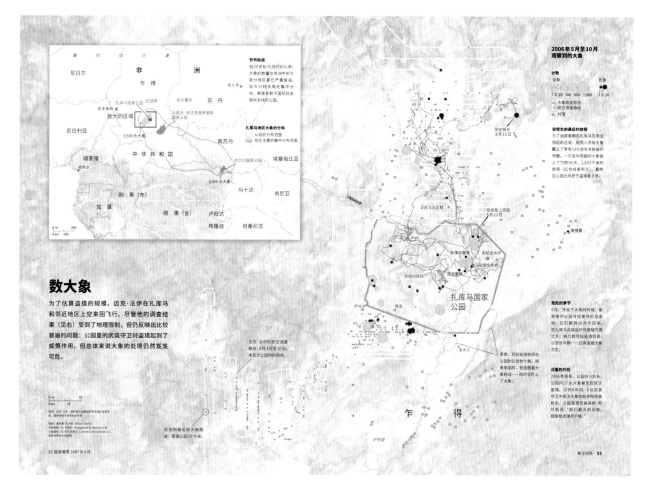

数大象

为了估算盗猎的规模，迈克·法伊在扎库马和邻近地区上空来回飞行。尽管他的调查结果（见右）受到了地理限制，但仍反映出比较普遍的问题：公园里的武装守卫对盗猎起到了威慑作用，但总体来说大象的处境仍然岌岌可危。

红线显示了安妮86天里来往于乍得东南部扎库马国家公园内外的旅程。白线是一次航空调查路线，作者迈克·法伊在那次调查中查到了3,020头大象（橙色圆圈）。2006年雨季，盗猎者猎杀了127头（红色圆圈）。

2008年，国际野生动物保护学会（Wildlife Conservation Society）为公园提供了空中监测飞行器，减少了盗猎现象。尽管如此，到了2012年，还是有将近90%的种群被猎杀了。2015年又发生了两起杀害——之前已经三年没有发生过——这表明保护大象的战斗永无止境。（本页地图已显示当前边界。）

能为你提供合作渠道。分享想法能带来更快的研究突破，而分享数据能拯救动物。时间和空间不再限制我们的交流：詹姆斯住在欧洲，我住在北美。就像研究者写论文一样，我们借助跨海光缆创作了这些故事和地图。我们希望本书能够为探讨动物研究中对地理信息以及新图解的需求提供启发。我们希望鲸类研究者能从蝙蝠研究者那里学到新技术，反之亦然。最重要的是，我们希望这些动物能给你带来启示，就像安妮曾经带给我的一样。

奥利弗·乌贝蒂

在用电子技术追踪动物的行业，人们似乎像没头苍蝇似的乱跑乱撞。

——乔治·斯布鲁格（George Sprugel）
美国国家科学基金会环境生物学项目负责人
1959年

一种新的足迹

从足迹到掉落的羽毛，从巢穴到粪便，动物去向的历史其实就是一部物理痕迹的历史。而在本书讲述的新时代，我们追寻的痕迹不是印在地上，而是印在电脑的硅基芯片里。尽管我们做的地图和研究在极大程度上依赖数据处理技术，但在信息时代的很久之前人们就开始设想发明新方法来研究动物运动。1803 年，约翰·詹姆斯·奥杜邦（John James Audubon）给鸣禽的腿系上线绳，从而证明每年春天回到农场的都是同几只鸟；1892 年的一张地图上画出了北太平洋海狗逐月迁徙的轨迹（见第 22～23 页）；1907 年，一位德国药剂师给鸽子装上了自动照相机，以此记录它们的旅程；1962 年，伊利诺伊大学的三位科学家用胶带把无线电发射器绑在鸭子身上；1997 年，世界上最早一批 GPS 项圈中，有两个得到的结果证实了肯尼亚大象有时会越过肯尼亚国境到坦桑尼亚去。

并不是所有物种都需要追踪才能研究。对许多物种来说，一副好用的望远镜加上一台相机足矣。正如圣迭戈动物园总会的梅甘·欧文所说："非侵入性观察仍是动物学的金科玉律。只要静静地坐着暗中观察就好。"而对其他一些物种，比如她在北极研究的北极熊来说，这种长期观察就不太可行。于是，野生动物研究者开始和工程师合作，开发远程研究动物的新方法。卫星、雷达、手机网络、相机陷阱①、无人机、手机应用（app）、加速度传感器和 DNA 测序技术等，让我们如今能以前所未有的方式看待自然世界。这个领域有

———————————
① Camera traps，由动作传感器、红外传感器等触发相机拍摄野生动物的装置。——译者注

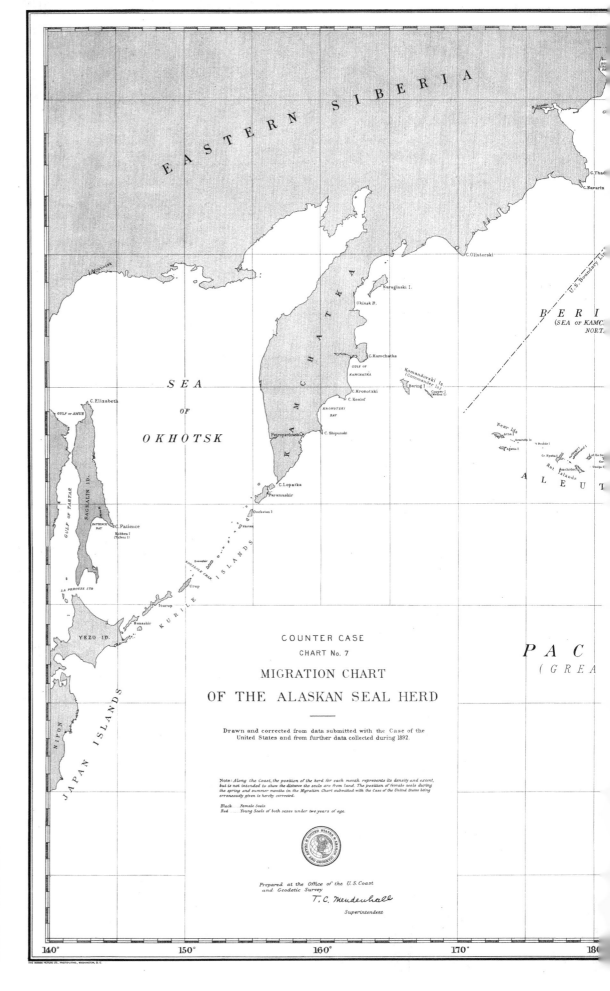

COUNTER CASE

CHART No. 7

MIGRATION CHART

OF THE ALASKAN SEAL HERD

Drawn and corrected from data submitted with the Case of the
United States and from further data collected during 1892.

Note: Along the Coast, the position of the herd for each month represents its density and extent,
but is not intended to show the distance the seals are from land. The position of female seals during
the spring and summer months in the Migration Chart submitted with the Case of the United States being
erroneously given is hereby corrected.

Black......Female Seals
Red.........Young Seals of both sexes under two years of age.

Prepared at the Office of the U.S.Coast
and Geodetic Survey

T.C. Mendenhall

Superintendent

这幅1892年的手绘地图呈现了北太平洋不同月份的海狗分布密度。黑点代表雌性；红点代表两岁以下的幼年海狗，两种性别都有。从2月开始，成年雌性向北迁徙，在繁殖地与雄性会合。在那里，它们生下小海狗并抚养长大，直到10月底集群渐渐解散，雌性前往南方觅食。

在地图上描绘出这样的迁徙运动，或许促进了美国、英国、日本和俄国在20年后禁止在公海狩猎海狗。1911年的《海狗条约》（the Fur Seal Treaty）是野生动物保护方面的第一份国际协定。

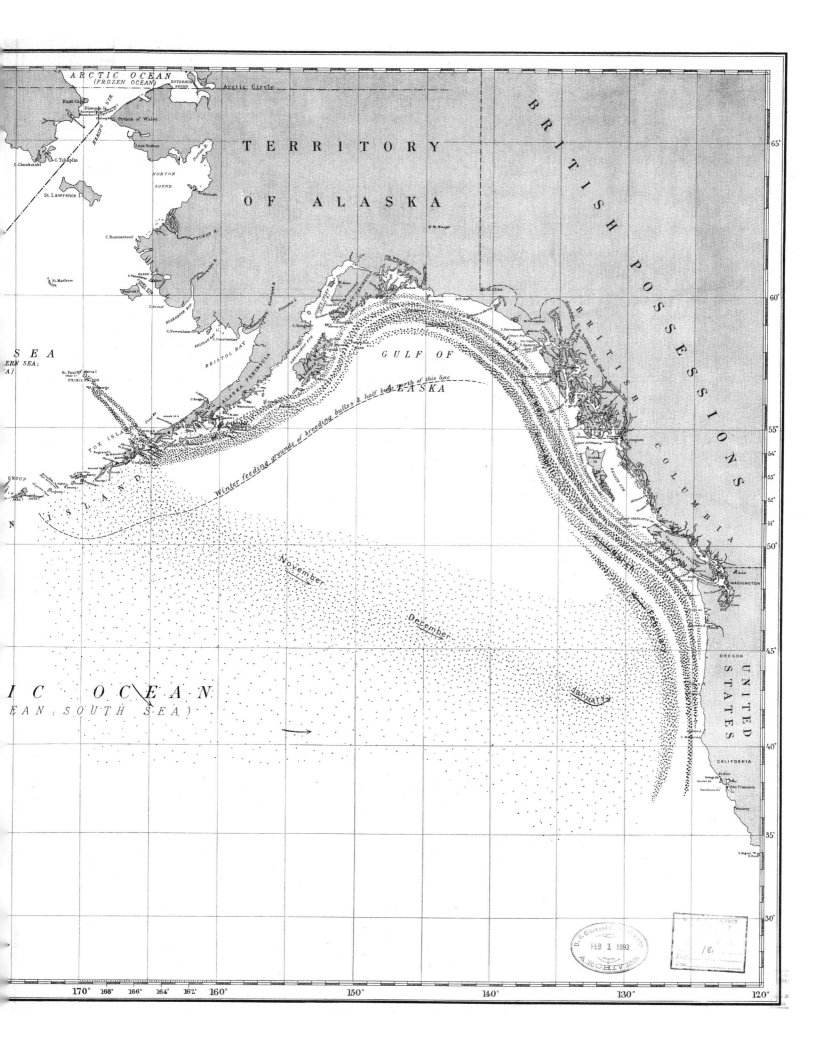

许多不同的名字：生物信标跟踪记录（bio-logging）、生物遥测（bio-telemetry）、移动生物学（movement biology）。在本书的大部分故事中，我们都会谈到"做标记"（tagging），就是科学家把一个设备装在动物身上。随着移动通信技术的兴起和计算机的小型化，这些设备（或者说"标记"）[1]能收集到数以十亿字节计的各种行为、生理、环境数据：从兀鹫的翱翔盘旋轨迹（见第138～139页），到南极沿岸的海水温度（见第100～103页），再到熊蜂的飞行（见第154～155页），无所不包。

想知道技术如何加快了我们对动物的了解，而我们又采取了怎样的保护行动吗？那就想想长颈鹿吧！圣迭戈动物总会的保护生态学家戴维·奥康纳表示："我们在长颈鹿研究方面取得的进展大概和30年前大象的研究者相当。"科学家研究了长颈鹿的生理——小而强大的心脏如何将血液一路泵上长长的脖子、特大号的肺部如何让它们免于晕倒、善于缠卷的舌头如何从带刺的树枝上捋下叶子——但他们始终不清楚这个物种在野外是如何作为一个整体运作的。"长颈鹿很古怪，"奥康纳说，"它们看起来似乎没有明确的领导者，所以我们才刚刚开始了解它们如何组织成群。我们不知道它们如何交流、如何争斗，也不太清楚它们的活动范围。"而科学家最近才发现长颈鹿不只有一个物种，而是有四个——每种都有独特的遗传学特征，身上的花纹也从橙色多边形到黑色斑块不等。要是没有朱利安·芬尼西，我们知道得恐怕还要更少。

---

[1] Tags，书中根据语境有时译为"跟踪器"。——译者注

芬尼西是研究长颈鹿的世界级权威，也是长颈鹿保护基金会（Giraffe Conservation Foundation）的主任之一。他把长颈鹿称为"非洲被遗忘的大型动物"。当我们向他询问为何认为长颈鹿受到了忽视时，他表示："人们想当然地认为长颈鹿到处都是，没有人想过它们会遇到问题。直到最近这五到十年间，我们开始研究它们的数量和受到的威胁，这才看到，它们和其他许多动物一样，也在减少。"罪魁祸首仍是那些嫌疑惯犯：栖息地丧失和野味贸易。关于长颈鹿的脑和骨髓能治疗艾滋病的传言，导致长颈鹿价格升高。我们很少听说长颈鹿濒危，但并不代表事实就是如此。在非洲各地，一场"无声的灭绝"正悄然发生。自1986年起，长颈鹿的数量从15.3万只下跌到10万只，而且它们已经从7个国家消失了——占了先前分布范围的四分之一。趁为时未晚，芬尼西正用GPS技术尽可能多地收集有关长颈鹿去向的数据。

第一只装上GPS的长颈鹿名叫乔巴（Chopper）。2000年，芬尼西在纳米比亚给他戴上了项圈，想看看长颈鹿在干旱地区如何生存。如今，芬尼西正在开拓动物追踪技术的其他用途。在刚果民主共和国，追踪标记是一种治安手段。整个国家只剩下不到40只长颈鹿，因此政府向芬尼西寻求建议。他们与非洲公园网络（African Parks Network，简称APN）合作，给10只长颈鹿戴上项圈，组织社区追踪队伍保护它们免遭盗猎，同时创造就业机会，促进当地投资。在纳米比亚，芬尼西建议政府把长颈鹿从国家公园挪到较小的社区保护地，并用追踪标记研究它们如何适应新家（见右图）。而在埃塞俄比亚，他帮APN审查了一座规划中的

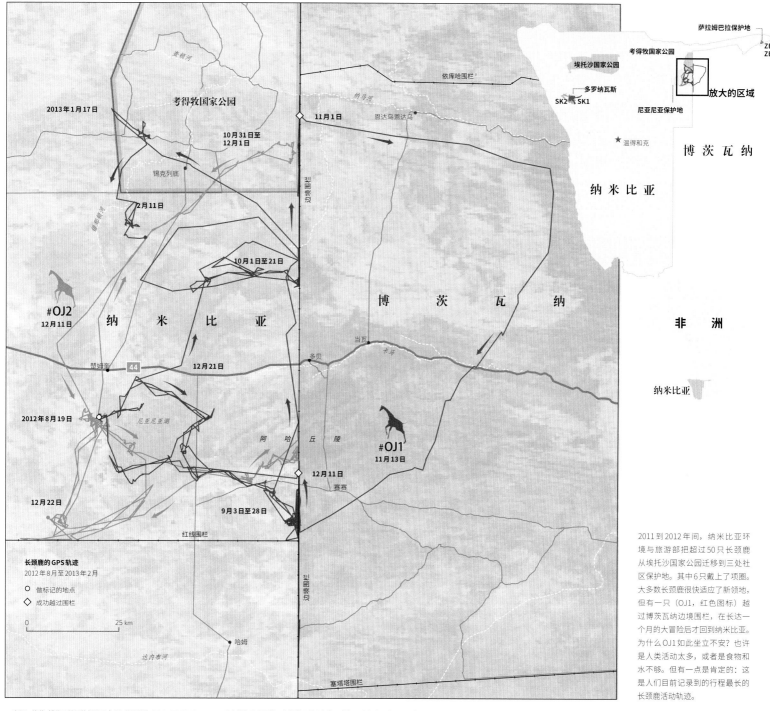

考得牧国家公园

2013年1月17日

10月31日至12月1日

2月11日

锡克列底

10月1日至21日

#OJ2
12月11日

纳 米 比 亚

12月21日

44

2012年8月19日

尼亚尼亚湖

阿 哈 丘 陵

12月22日

9月3日至28日

红线围栏

长颈鹿的GPS轨迹
2012年8月至2013年2月

○ 做标记的地点

◇ 成功越过围栏

0   25 km

达内希河

哈姆

考得牧国家公园

依库哈围栏

纳马河

11月1日

恩达乌恩达乌

边境围栏

博 茨 瓦 纳

当瓦

多贝

卡马

#OJ1
11月13日

12月11日

赛赛

边境围栏

塞塔塔围栏

萨拉姆巴拉保护地

考得牧国家公园

埃托沙国家公园   ZB1
ZB2

多罗纳瓦斯
SK2 SK1   放大的区域

尼亚尼亚保护地

温得和克

博 茨 瓦 纳

纳 米 比 亚

非　洲

纳米比亚

2011到2012年间，纳米比亚环境与旅游部把超过50只长颈鹿从埃托沙国家公园迁移到三处社区保护地。其中6只戴上了项圈。大多数长颈鹿很快适应了新领地，但有一只（OJ1，红色图标）越过博茨瓦纳边境围栏，在长达一个月的大冒险后才回到纳米比亚。为什么OJ1如此坐立不安？也许是人类活动太多，或者是食物和水不够。但有一点是肯定的：这是人们目前记录到的行程最长的长颈鹿活动轨迹。

a 来源：徐薇.博茨瓦纳民族问题研究[J].世界民族.2013, 000(002): 25—30. 图中的依库哈围栏、塞塔塔围栏和红线围栏都是当年为了防止口蹄疫病扩散而设置的。——译者注

国家公园的边界。他说："政府知道那片区域有物种需要保护，但只画了个大圈把它们圈起来。"他们的用意很好，可惜长颈鹿并不买账。芬尼西和他的团队成员仅标记了3只长颈鹿，就发现它们大部分时间生活在指定区域以外。长颈鹿主要在金合欢稀树草原上觅食，但提案中的边界没有涵盖这种植被。GPS轨迹无可辩驳，公园的边界必须挪动。

2015年8月，芬尼西又一次见到了乔巴——最早标记的长颈鹿，那时乔巴还在荒漠上四处奔跑。芬尼西给他戴上项圈时，乔巴至少已经4岁了，所以乔巴现在差不多20岁。"这是人们第一次长期了解一只长颈鹿个体，知道他活了几岁，"芬尼西说，"这其实挺可悲的。对于世界上最高的动物，我们却了解得那么少。如果连长颈鹿都尚且如此，那关于其他小动物我们又知道些什么呢？"

我们希望本书有助于回答上述问题。我们和全球的科学家们展开讨论，并梳理了期刊和在线数据库，旨在向你呈现陆地、天空和海洋中最前沿的研究。以迈克尔·努南关于獾的博士论文为例，要研究它们在地下的活动，就不能用GPS。作为替代，他尝试了一种能以高精度穿过地面的东西：磁场。他给每只獾戴上项圈，并在洞穴上架设了通电的电线网格。当獾在地下穴室间移动时，项圈就会记录下它们周围磁场强度的变化。通过这项工作，努南发现獾在洞穴里比人们之前认为的活跃得多。尽管他让项圈每隔3秒就记录一次位置，但频率还是不够高，不足以看出穴室间如何以通道相连（见右图）。考虑到60%的陆生哺乳动物都使用洞穴，用努南的方法还可以发现更多关于地下生命

的秘密。

关于水下的生命，我们拜访了斯旺西大学的生物信标跟踪领域先驱罗里·威尔逊。20世纪80年代初，他正在读博士，研究非洲企鹅的行为。当他发现所需的传感器并不存在时，便用软木、琴钢丝和注射器自制了一套。这些早期的跟踪标记第一次测量了企鹅的游泳速度和觅食时的移动距离。后来，他的模拟传感器升级成了数字传感器，但用如今的标准来看还是很原始。"当时没有存储设备，"威尔逊说道，"所以我们每15秒记录一次企鹅的潜游深度，就已经觉得简直酷毙了。现在我们每秒钟光是深度就要记录40次。"威尔逊还在开发新设备，因为现成的硬件从来就不大跟得上他的野心。目前他正致力于改进他的"鸟嘴传感器（beakometer）"，这个传感器能测量企鹅张嘴的频率和嘴巴张大的程度，从而记录企鹅一天内吃了多少东西。就像许多这一领域的先驱一样，威尔逊最伟大的技术就是他的想象力。

保罗·赫伯特的想象力囊括了从鲸到水蚤的各种动物。事实上，甚至还囊括了我们尚未发现的物种。人们估算地球上生活着1,000万个物种，其中已被正式命名的不足五分之一。赫伯特想把它们全部记录下来，但不是以你想到的方式。

早在20世纪70年代，他就清楚地认识到我们知识的缺口，那时他还是一名在巴布亚新几内亚研究蛾类多样性的年轻研究员。在一个下着雨的温暖夜晚，他徒步登上一处山口，在紫外线灯前挂起一块白布。3小时后，白布上就黑压压一片全是飞虫了。"我们采到了大概三四千个标本，"他说，"我回到伦敦的自然历史博物馆做鉴定，发现仅在新几内亚这一个晚上，就采集了

要收集多少数据?

想想你一天要去多少地方。如果只知道你每天上午11点在哪里，能了解你的行踪吗？就在几年前，动物追踪技术还只能做到这个程度。电池寿命太短，存储空间又太小，研究人员只能每天采样记录一次动物的位置——如果能做到每天一次的话。如今，随着采样频率的提高或者远程更改采样频率的实现，我们已经能随时观察动物的活动了。

正如迈克尔·努南关于獾的研究所示，你的采样越频繁，了解到的动物运动情况就越有趣。图中圆圈代表獾巢穴中的穴室，线标展示了一只獾在穴室间的移动轨迹。

大概1,000个新物种。可能我的下半辈子就要耗在描述它们上了。于是我把标本送人了，说：'我得去个没那么多物种的地方，这样才有可能搞清楚到底是怎么回事！'"接下来的25年，赫伯特都在加拿大北极地区研究物种多样性的起源，而不是试图直接测量物种多样性。不过，他想以某种方式编目地球上一切生命的愿望从未动摇过。

到了20世纪90年代，技术上的进步使研究DNA变得容易。持有遗传学博士学位的赫伯特开始琢磨起一个叫作"CO1"的动物DNA序列片段。"很快我就意识到：'天啊，大家的序列都各不相同，比较起来很容易。'"要是能用这些"条形码"（他是这么称呼那些CO1片段的）来分辨物种那该多好！

2000年夏天，他在安大略南部自家的后院里验证这个想法。和多年前在巴布亚新几内亚一样，他打开了一盏诱虫灯。这一回，他采集到的物种里没有一个新种，但这正是他想要的。为了证明DNA条形码技术

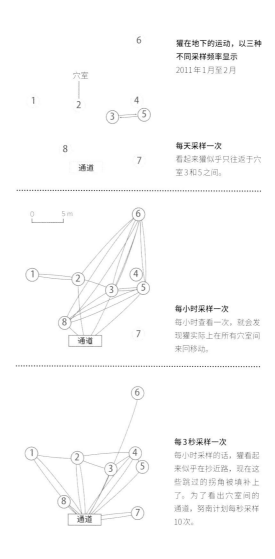

獾在地下的运动，以三种不同采样频率显示
2011年1月至2月

穴室

每天采样一次
看起来獾似乎只往返于穴室3和5之间。

0 5m

每小时采样一次
每小时查看一次，就会发现獾实际上在所有穴室间来回移动。

通道

每3秒采样一次
每小时采样的话，獾看起来似乎在抄近路，现在这些跳过的拐角被填补上了。为了看出穴室间的通道，努南计划每秒采样10次。

通道

来源：牛津大学，迈克尔·努南和安德烈·马卡姆

能准确识别物种，首先就需要清楚样本中有哪些物种。他采集到了大约200种蛾类，发现全部都能用条形码标示出来。"如果我能辨别安大略的200种蛾子，我想我应该也能辨别我们星球上所有的动物。"

16年前始于那个后院的研究，成就了今天的安大略生物多样性研究所。这是圭尔夫大学内一座投入数百万美元建立的研究机构。他们收到全球各地的研究者寄来测序的样本，在网上建立的生物条形码数据库（Barcode of Life Data System, BOLD）现已收入来自超过500万个样本的条形码，代表了约50万个物种。（第174页上呈现了本书中许多物种的条形码。）

赫伯特关于DNA条形码技术的第一篇论文起初受到分类学家、演化生物学家和学术期刊的排斥，如今却影响着动物研究的各个领域。在过去十年中，研究人员在收缴的象牙DNA与大象粪便DNA之间建立起关联，确定了大象盗猎高发地的位置；通过分析两种斑马的粪便，发现它们分别以不同的植物为食，从而共享同一个生态系统；还从蚂蟥、蜱虫和蚊子体内，检出了遭到叮咬的动物的DNA，从而探测到一些行踪隐秘的动物。也许有一天，DNA识别会来到你的餐桌上。想想吧，到时候只要扫描一下食物，就能知道它们是否货真价实。

BOLD数据库可以用在许多方面，不过也许永远也无法发挥出全部潜能。由于人类对环境的影响，许多被收录了条形码的物种——还有许多尚未收录的物种——也许在未来几十年内就会灭绝。面对这样的灾难，生物学家应该很容易获得所需的研究经费才对。事实并非如此。我们和研究人员交谈时，同一个类比被反复提到。

鳞翅目：蛾和蝶
LEPIDOPTERA

夜蛾科
NOCTUIDAE

尺蛾科
GEOMETRIDAE

涂色苔蛾
Painted lichen moth

裳蛾科
EREBIDAE

舟蛾科
NOTODONTIDAE

天蛾科
SPHINGIDAE

瘤蛾科
NOLIDAE

尾夜蛾科
EUTELIIDAE

蝙蝠蛾科
HEPIALIIDAE

涂色苔蛾的DNA条形码见第174页。

放大如上

2000 年
199个物种

后院里的生物多样性

据研究生物多样性的科学家估计，地球上至少有1,000万种多细胞生物，其中170万种已经得到描述。2000年，圭尔夫大学的生物学家保罗·赫伯特开始好奇，想知道有多少物种生活在他的后院里。他搭起了诱虫装置，用DNA分析技术来识别捕捉到的所有东西（上图）。接下来的十年里，赫伯特在安大略生物多样性研究所团队的帮助下，又重复了几次实验。"现在我知道了，有5,000个物种共享我的后院，"他说，"而我在想，天哪，这还只是开始。我们可以在20年内把整个星球都测一遍。"

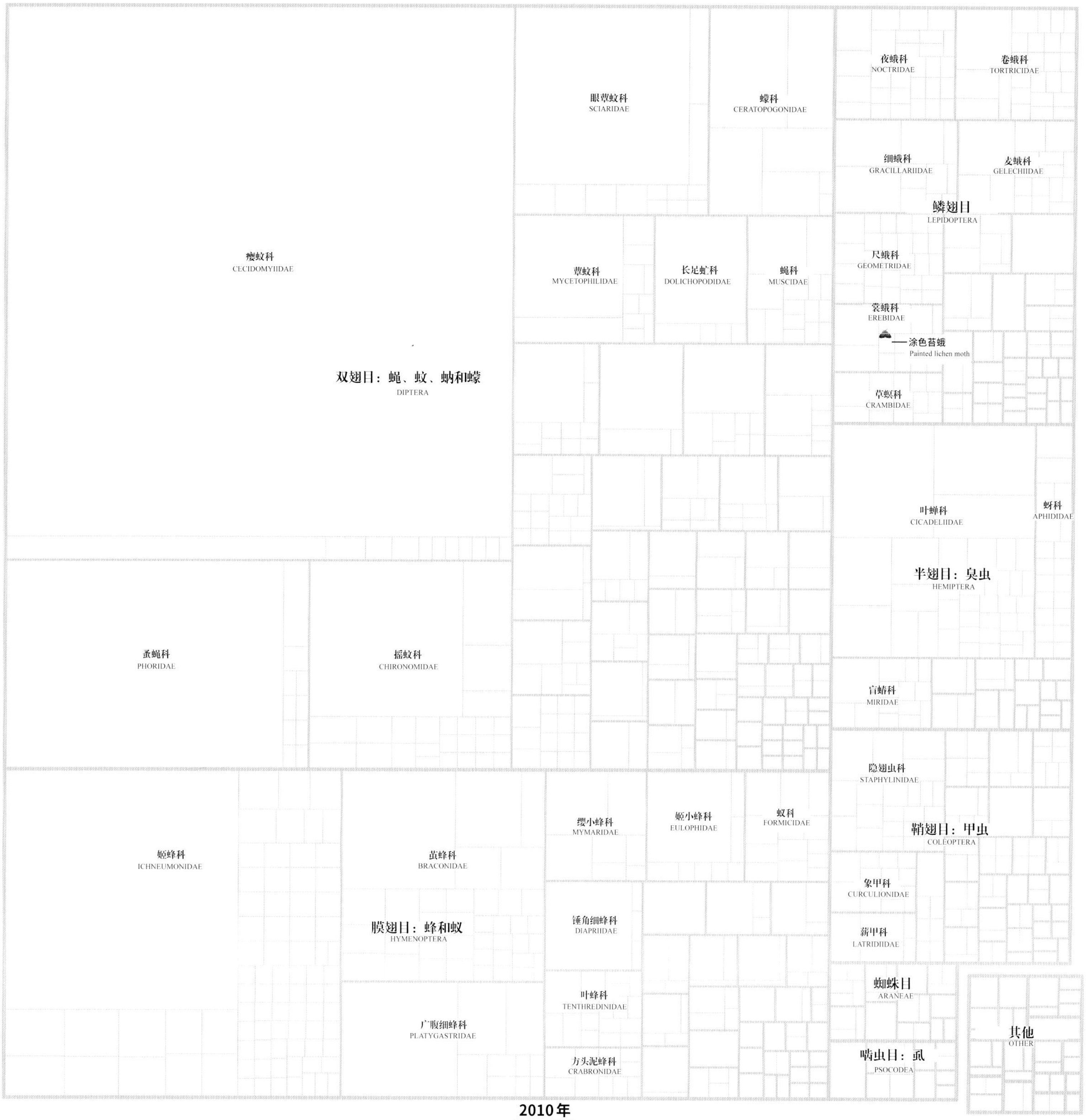

瘿蚊科
CECIDOMYIIDAE
双翅目：蝇、蚊、蚋和蠓
DIPTERA
眼蕈蚊科
SCIARIDAE
蠓科
CERATOPOGONIDAE
蕈蚊科
MYCETOPHILIDAE
长足虻科
DOLICHOPODIDAE
蝇科
MUSCIDAE
蚤蝇科
PHORIDAE
摇蚊科
CHIRONOMIDAE
夜蛾科
NOCTRIDAE
卷蛾科
TORTRICIDAE
细蛾科
GRACILLARIIDAE
麦蛾科
GELECHIIDAE
鳞翅目
LEPIDOPTERA
尺蛾科
GEOMETRIDAE
裳蛾科
EREBIDAE
涂色苔蛾
Painted lichen moth
草螟科
CRAMBIDAE
叶蝉科
CICADELIIDAE
蚜科
APHIDIDAE
半翅目：臭虫
HEMIPTERA
盲蝽科
MIRIDAE
姬蜂科
ICHNEUMONIDAE
茧蜂科
BRACONIDAE
膜翅目：蜂和蚁
HYMENOPTERA
缨小蜂科
MYMARIDAE
姬小蜂科
EULOPHIDAE
蚁科
FORMICIDAE
锤角细蜂科
DIAPRIIDAE
叶蜂科
TENTHREDINIDAE
广腹细蜂科
PLATYGASTRIDAE
方头泥蜂科
CRABRONIDAE
隐翅虫科
STAPHYLINIDAE
鞘翅目：甲虫
COLEOPTERA
象甲科
CURCULIONIDAE
薪甲科
LATRIDIIDAE
蜘蛛目
ARANEAE
其他
OTHER
啮虫目：虱
PSOCODEA

2010年
3,704个物种

保罗·赫伯特家后院里各类群生物的相对数量
来源：圭尔夫大学，保罗·赫伯特

赫伯特总结得最好：

"如果天文学家发现宇宙中六分之一的发光体会在未来50年内熄灭，我都无法想象他们会得到多么巨额的资金，以便赶在这些发光体熄灭前研究它们。而我们作为生活在这个星球上研究生物多样性的科学家，非常确信有许多物种将在本世纪内消失。"

面临如此危险的境地，现在许多研究人员都在网上分享他们得之不易的数据。"开放数据"已经成为科研与政府的许多领域中一股向上的趋势。史蒂夫·欧文野生动物保护区的研究主任克雷格·富兰克林认为，数据共享利大于弊。"我们使用数据的方式各不相同，看问题的视角也不一样。只要在致谢中提到数据来源并引用相关文献就行。"对富兰克林来说，真正有价值的是，开放数据为罗斯·德怀尔这样的下一代研究者提供了机会。德怀尔帮富兰克林追踪鳄鱼（见第108～109页），并在追踪数据共享平台zoaTrack网站上分享数据。他也迫切希望能探索"老派"研究者的数据集："他们坐拥多年来收集到的成千上万条追踪轨迹，却要带着所有数据一起退休。"

对有些研究者来说，数据共享并非只关乎科学，还事关道德。圣安德鲁斯大学海洋哺乳动物研究组的马克·约翰逊说："我们一旦标记了某只动物，就成了它意志的执行者，我们有责任做正确的事情。"如果给一只鲸做了跟踪标记，数据共享就能减少出于同样目的去标记其他鲸的必要性。正如罗里·威尔逊急切指出的那样："仅仅是捕捉动物的行为，就差不多是它们能遇到的最恐怖的事情了。我是说，束缚对野生动物来说非常可怕。即使你不给它们戴上跟踪器，只是捉住又放掉，它们也会连续好几周焦虑不安。"

伊恩·道格拉斯-汉密尔顿是"拯救大象"机构的创始人，我们问他有什么话要对动物追踪领域外那些相信动物标记残忍反常的人说。他说："当然，戴项圈对动物来说会构成一种压力。如果由专业兽医来专业地完成，压力可以降到最低。虽然对动物仍然有一些风险，但是据我们判断，与这种风险相比，更重要的还是，通过追踪了解到的信息可以帮助它们提高生存概率。"

几年前，德国马克斯·普朗克鸟类学研究所主任马丁·维克尔斯基和他的长期合作伙伴罗兰·凯斯（Roland Kays，北卡罗来纳自然科学博物馆）发现，可以把运动和行为特征结合起来对动物世界进行一次普查。2007年，他们建立了一个名为Movebank的网站，动物学家可以上传他们的数据、绘制地图并与他人分享。针对城市数据的在线数据存储空间由来已久，但Movebank是最早专门针对动物数据设计的存储空间。这似乎满足了一种需求，能够承载用户们每天上传的数百万个数据点。截至2016年8月，该网站已经有超过550个物种、来自2,400项研究的追踪轨迹。

Movebank要求数据贡献者遵循一系列规则，以便其他人下载和使用他们的数据。"数据是经过挑选的，可以马上开始分析。"维克尔斯基说。另外，Movebank还能实时接收跟踪器传回的数据。因此，维克尔斯基选择这个平台来实现他迄今为止最宏大的计划：把生物信标跟踪接收器装到国际空间站上。

这个名为ICARUS（利用空间进行动物研究的国际合作组织，International Cooperation for Animal Research

该用哪种跟踪器？

现代的动物跟踪器往往装满了复杂的电子器件，使得研究者很难自己开发，而大多数研究者也更愿意直接从供应商那里购买。野生动物计算机（Wildlife Computers）公司的首席执行官梅琳达·霍兰常常接到这样的要求："数据越多越好，设备越小越好，寿命越长越好，价格越便宜越好。"即使当今技术再先进，也不可能兼具所有优点。她和她的团队会与科学家反复讨论，确定哪种性能才是达到研究目标所最需的。我们在本页右边列出了本书中主要提到的几种技术。

Using Space）的组织计划把动物追踪技术带入空间轨道。待几年后这项计划启动，参与计划的研究者就可以给他们的动物戴上微小的太阳能跟踪器，把数据发往空间站。数据再从那里传回 Movebank 的数据库，然后传给合作者们，所有一切都是实时的。现有的实时遥感系统只能用于相对较小的区域和少数动物。在维克尔斯基的伟大愿景中，ICARUS 将成为全球野生动物追踪的仪表盘。这能带动许多实际应用，比如监测动物携带疾病的传播、评估作物依赖的传粉昆虫所面临的风险等。不过，也有不那么实际的方面：我们将一眼就能看到自己和动物们——不论是地上跑的、水里游的、还是天上飞的——在庞大而美丽的轨迹之网中如何密切地交织在一起。

本书中主要提到的跟踪器类型

声学跟踪

这类跟踪器发出一种信号，可以由海岸线、河岸或海洋浮标上的信号接收器来检测。每当带有跟踪器的动物经过，接收器都会记录下来，但不能确定这只动物去过哪里，或者将去往何处。由于水下环境有利于声音传播，声学跟踪器常用于水中的研究。

Argos 卫星定位系统

卫星跟踪器会连续发出短脉冲信号。世界上有6颗 Argos 卫星，其中一颗经过跟踪器上空时，就会检测到它发射的信号。卫星能利用多普勒效应并结合自身的速度和位置，给出精确到数百米之内的跟踪器定位，并把数据发回地面供研究人员处理。

GPS 跟踪

与 Argos 跟踪器不同，GPS 跟踪器并不发射信号。"全球卫星定位系统"（Global Positioning System，即 GPS）有30颗卫星，GPS 跟踪器利用其中至少3颗的信号，记录并存储位置，可精确到米。之后数据必须手动获取。GPS 比 Argos 更耗电，因此跟踪器也许使用时间较短。但对很多研究者来说，值得为了 GPS 的高精度作出这些妥协。

感光记录器

又叫地理定位器（geolocators），很受鸟类学家欢迎，因为这类跟踪器特别小，很多鸟类都可以携带着飞翔。它们通过记录光照强度确定日出和日落的时间。利用这些数据，研究人员可以根据白天的长度估算纬度，根据黎明和黄昏的中点"太阳正午"时间估算经度。虽然感光记录器精度不高，但寿命很长，可以弥补精度不足的缺点。

无线电跟踪

在这项20世纪60年代开始广泛使用的技术中，动物佩戴的是发出无线电波的发射器。研究人员可以用天线/接收器探测到无线电波，然后根据信号的强度来定位或追踪动物。

其他传感器

除了定位传感器之外，研究人员还可以给跟踪器装上测量温度的温度计、测量海拔或水深的压力计、探测觅食或休息等行为的加速度传感器，以及用来确定动物运动方向的磁力计。

获取数据的方法

手动获取

这种没什么"技术含量"的方法要求科学家回到野外，找回跟踪器下载数据。他们可能需要再次捕获动物，或者跟踪器本身有自动释放机制。例如，有些海洋跟踪器会从动物身上释放，浮到水面，发出无线电信号来帮助研究者定位。有时候，研究人员会发布奖励，让渔民帮忙取回漂浮的跟踪器。

数据传输

通过卫星或手机网络传回数据的跟踪器，几乎可以让研究者实时收到数据。不过在水下或信号范围外就无法传输了，因此数据会存储在设备中，直到下一次连接。当传输带宽不足时，研究人员可能会同时采用两种方法。他们会尽可能通过传输获得一些数据，待取回跟踪器后再下载完整的数据集。

第一部

**你能听见它们,
在它们来之前, 在它们走之后 ;
如河流般轰隆,
如钟表般滴答作响。**

——安妮·迪拉德(Anne Dillard)

发短信求助的大象

过去50年，伊恩·道格拉斯-汉密尔顿追踪了几百头大象，每一头都有自己的故事。马里的母象巴哈蒂（Bahati）从泥坑里被救出来以后，又为了寻找水源而在36小时内走了83千米；桑布鲁的雌性头象埃莉诺（Eleanor）去世时，其他大象哀悼了一个星期，就连她所属家族以外的大象也加入其中；还有爱恶作剧的蒙孙（Monsoon）爬了座陡坡，而就在两周前，道格拉斯-汉密尔顿才刚发表文章说大象不会爬陡坡。

当年，我和道格拉斯-汉密尔顿坐在他内罗毕的家中，听他讲一路以来的经历：从1968年第一次给大象戴上无线电项圈，讲到1995年首次给它们换上GPS项圈。他还给我讲了大象帕西塔乌（Parsitau）的故事。"帕西塔乌是一头很棒的公象，来自安博塞利（国家公园），"他说，"我们在他身上放了一台GPS跟踪器的样品，跟踪器坚持了整整10天，真是太厉害了。"

跟踪器每天记录四次位置，这40个GPS位点就是从非洲动物身上获得的最早记录。"真是不可思议，"他回忆道，"居然有追踪项圈能够跨越国界，不论白天黑夜、森林内外、山丘上下地记录位置。"而且，GPS比无线电或传统的Argos卫星定位都精确得多。

道格拉斯-汉密尔顿解释说："用无线电追踪时，我们得亲自靠近大象，从它上方飞过，用飞机两侧的天线搜寻，直到看见它。然后用肉眼估测我们的位置，在地图上打个小叉。过去的老办法就是这么干的。"而现在有了帕西塔乌的追踪路线，也许不必再用老办法了。

通过GPS定位的设想得到了验证，道格拉斯-汉密尔顿备受鼓舞，他与在驼鹿身上测试GPS技术的加拿大科学家取得联系，从他们那里买来一些定位项圈，还准备了能绑在象脖子上的长带子。从早期模型中已经能看到许多如今先进特性的前身：运动和温度传感器、备用的无线电信标、存储容量足够每隔一小时采样一次并连续采样5个月的芯片，还有用来传输数据的甚高频调制解调器（Very High Frequency modem，VHF modem）。

1996年12月，道格拉斯－汉密尔顿在安博塞利国家公园给两头公象装上了新型跟踪器，他希望这项技术能解决一场争议。辛西娅·莫斯（Cynthia Moss）从20世纪70年代起就在安博塞利研究大象，她声称肯尼亚的象群会穿过国界来到坦桑尼亚，之后被那里从事狩猎运动的猎人猎杀了。而猎人坚称他们只射杀坦桑尼亚本国的动物。几个月后，道格拉斯－汉密尔顿在查看追踪数据时发现，的确有一头名为尼克先生（Mr. Nick）的公象穿过了国界，而且到达的正是其他肯尼亚大象被射杀的地方。在数据的支持下，坦桑尼亚政府决定禁止这一区域的猎象活动。猎人试图反对，但他们的说法再也站不住脚了——尼克先生的活动轨迹提供了确凿无疑的证据。

当道格拉斯－汉密尔顿报道他的发现时，他在文章最后预言道：未来5到10年间，GPS动物追踪系统将为研究大型哺乳动物的日常运动模式和活动范围建立起新的标准。截至1998年文章正式发表之前，道格拉斯－汉密尔顿和他的研究与保护机构"拯救大象"已经在肯尼亚和坦桑尼亚的另外5个地点给大象戴上了项圈。

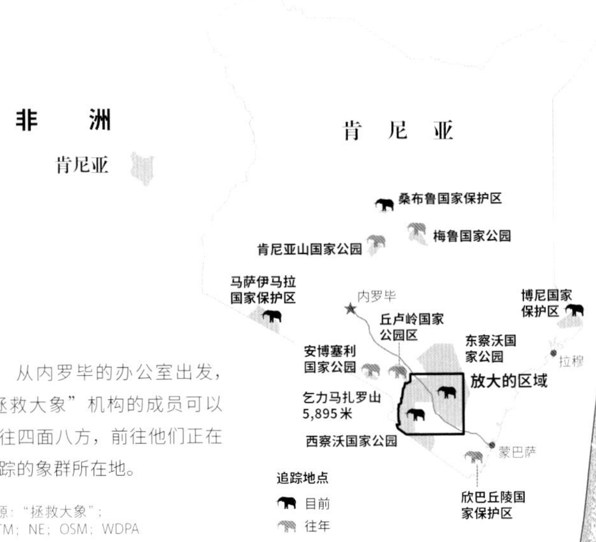

20年后，我坐在一架STE的飞机里，心里想着那些安博塞利的公象，这架飞机和当年用来追踪它们的很相像。我和STE首席运营官弗兰克·波普刚刚在察沃国家公园（见右图）完成了一次给大象戴项圈的行动，正搭飞机返回内罗毕。地平线上，乞力马扎罗山高耸入云，安博塞利的广阔平原自山脚下延伸开来。

尽管机翼支架上还留有无线电天线，但波普表示它们已经很少被用到了。如今STE用的项圈除了配备甚高频调制解调器，还装有GSM（Global System for Mobile Communication，全球移动通信系统）信号发射器，能通过手机网络传输数据，STE的工作人员很少需要亲自跟着大象了。

技术突破还在不断出现。就在几年前，STE联合谷歌开发了一项新技术，

非 洲 　　肯 尼 亚

肯尼亚

桑布鲁国家保护区
梅鲁国家公园
肯尼亚山国家公园
马萨伊马拉国家保护区
内罗毕
博尼国家保护区
安博塞利国家公园
丘卢岭国家公园区
东察沃国家公园区
拉穆
乞力马扎罗山
5,895米
放大的区域
西察沃国家公园
蒙巴萨
欣巴丘陵国家保护区

从内罗毕的办公室出发，"拯救大象"机构的成员可以飞往四面八方，前往他们正在追踪的象群所在地。

追踪地点
目前
往年

来源："拯救大象"；
SRTM；NE；OSM；WDPA

穆卡
3月15日上午9:30
4月13日

4月13日

肯 尼 亚
坦 桑 尼 亚

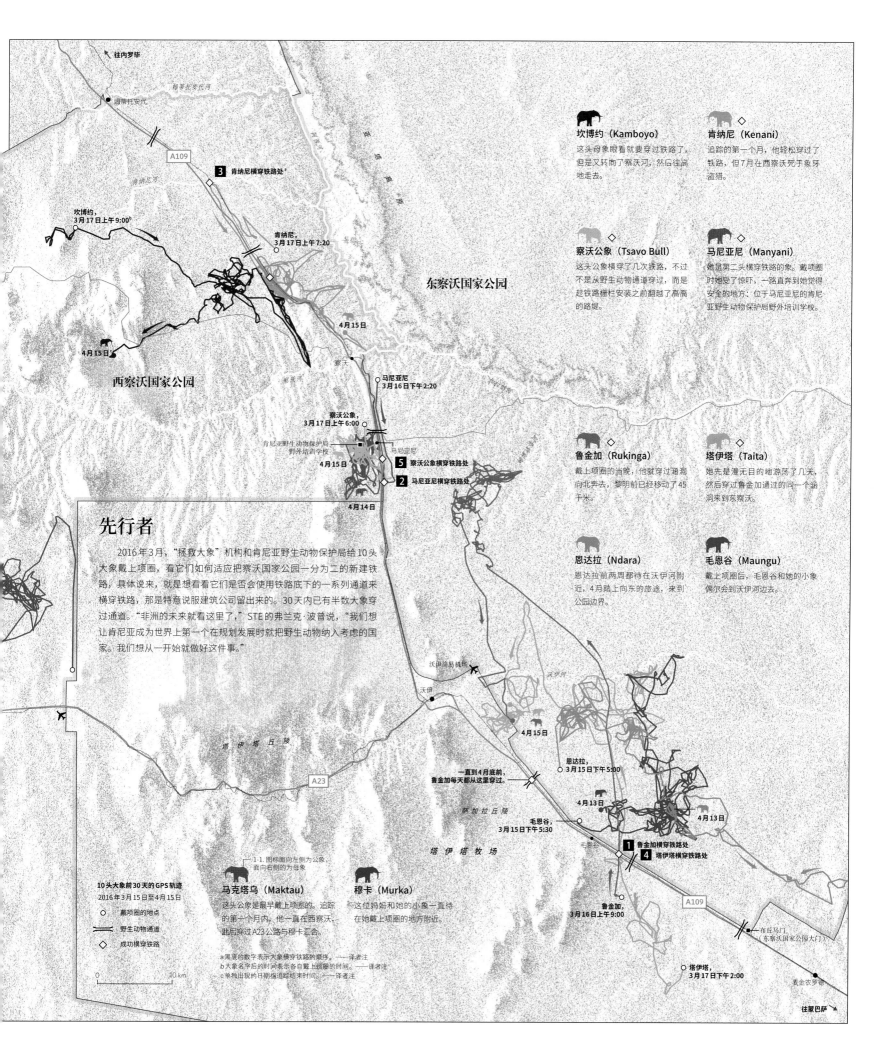

往内罗毕

A109

3 肯纳尼横穿铁路处

东察沃国家公园

坎博约，
3月17日上午9:00

肯纳尼，
3月17日上午7:20

4月15日

4月15日

西察沃国家公园

马尼亚尼
3月16日下午2:20

察沃公象，
3月17日上午6:00

肯尼亚野生动物保护局
野外培训学校

马尼亚尼

4月15日

5 察沃公象横穿铁路处

2 马尼亚尼横穿铁路处

4月14日

先行者

2016年3月，"拯救大象"机构和肯尼亚野生动物保护局给10头大象戴上项圈，看它们如何适应把察沃国家公园一分为二的新建铁路，具体说来，就是想看看它们是否会使用铁路底下的一系列通道来横穿铁路，那是特意说服建筑公司留出来的。30天内已有半数大象穿过通道。"非洲的未来就看这里了，"STE的弗兰克·波普说，"我们想让肯尼亚成为世界上第一个在规划发展时就把野生动物纳入考虑的国家。我们想从一开始就做好这件事。"

沃伊简易机场

沃伊

坎博约 (Kamboyo)
这头母象眼看就要穿过铁路了，但是又转向了察沃河，然后往高地走去。

肯纳尼 (Kenani)
追踪的第一个月，他轻松穿过了铁路，但7月在西察沃死于象牙盗猎。

察沃公象 (Tsavo Bull)
这头公象横穿了几次铁路，不过不是从野生动物通道穿过，而是趁铁路栅栏安装之前翻越了高高的路堤。

马尼亚尼 (Manyani)
她是第二头横穿铁路的象。戴项圈时她受到了惊吓，一路直奔到她觉得安全的地方：位于马尼亚尼的肯尼亚野生动物保护局野外培训学校。

鲁金加 (Rukinga)
戴上项圈的当晚，他就穿过涵洞向北弃去，黎明前已经移动了45千米。

塔伊塔 (Taita)
她先是漫无目的地游荡了几天，然后穿过鲁金加通过的同一个涵洞来到东察沃。

恩达拉 (Ndara)
恩达拉前两周都待在沃伊河附近，4月踏上向东的旅途，来到公园边界。

毛恩谷 (Maungu)
戴上项圈后，毛恩谷和她的小象偶尔会到沃伊河边去。

塔伊塔丘陵

A23

萨加拉丘陵

4月15日

恩达拉，
3月15日下午5:00

一直到4月底前，
鲁金加每天都从这里穿过。

4月13日

4月13日

塔伊塔牧场

毛恩谷，
3月15日下午5:30

1 鲁金加横穿铁路处

4 塔伊塔横穿铁路处

毛恩谷

1-1. 图标面向左侧为公象，面向右侧的为母象

马克塔乌 (Maktau)
这头公象是最早戴上项圈的。追踪的第一个月内，他一直在西察沃，此后穿过A23公路与穆卡汇合。

穆卡 (Murka)
这位妈妈和她的小象一直待在她戴上项圈的地方附近。

10头大象前30天的GPS轨迹
2016年3月15日至4月15日

○ 戴项圈的地点
═ 野生动物通道
◇ 成功横穿铁路

0   10 km

a黑底的数字表示大象横穿铁路的顺序。——译者注
b大象名字后的时间表示各自戴上项圈的时间。——译者注
c单独出现的日期指追踪结束时间。——译者注

鲁金加，
3月16日上午9:00

A109

布丘马门
（东察沃国家公园大门）

塔伊塔，
3月17日下午2:00

麦金农罗德

往蒙巴萨

能把GPS位点直接输入谷歌地球。此后他们又联合微软创始人之一保罗·艾伦和他的Vulcan公司，开发了用手机和平板电脑实时追踪动物的app。（为保障大象和保护工作者的安全，这些技术均未向公众开放。）

波普把他的手机装在驾驶舱的仪表板上。"这是革命性的技术，"他一边在app上平移和缩放一边说道，"就算是用谷歌地球，你也得在起飞前把大象的位置打印或誊写到纸上，而且不能更新。现在我可以边飞边获取它们的实时位置。我可以人在野外，看着app想：啊，他应该在这儿。然后往窗外一看，哦对，果然没错！

道格拉斯–汉密尔顿对野生动物追踪领域的影响之大，怎么说都不为过。1998年他在论文中指出，GPS有潜力成为减少人与野生动物冲突的工具。至今，STE使用这项技术主要出于两个目的：一是识别大象的移动路线，二是使它们免受人类威胁。

除了记录位置，有些项圈还装有加速度传感器，能测量动物移动的速度和方向。如果移动速度忽然加快——或降低到某个阈值以下——项圈就会通过电子邮件或短信发出警报。在整个飞行过程中，波普的手机都在收到警报，其中许多是虚惊一场。我们飞过丘卢岭上空时，他的屏幕又亮了：

低速警报：库林（Kulling）自3月14日11:58起移动缓慢。

"库林是谁？"我问道。他说她是桑布鲁国家保护区一个大象家族中年长的母象之一，他们已经研究这个家族将近20年了。

"我们今天就派一队人去调查，"他说，"我们觉得她可能受了枪伤。"

那天晚上，我到道格拉斯–汉密尔顿在内罗毕的家里和波普一起吃晚饭。我进屋时，波普正在另一个房间打电话，道格拉斯–汉密尔顿则在笔记本电脑上查看从察沃传回的最新项圈数据。

他说："我们装上这批项圈才不到三天，就已经有两头大象横穿了铁路。我看到的时候激动得要命！她是在马尼亚尼戴上的项圈，然后迅速南下，穿过铁路，逃往安全的地方。你猜安全的地方是哪儿？"道格拉斯–汉密尔顿指着地图上标在路旁的一栋建筑，"这是肯尼亚野生动物保护局主要的巡护员培训站。你看，她离培训站还不到500米。她找到了她喜欢的人类。这可是了不起的第一手消息。"

STE目前有160个项圈投入使用，遍布10个非洲国家。追踪轨迹上每天都有新的故事发生。那天晚上，道格拉斯–汉密尔顿还在为一头名为摩根（Morgan）的大象的行动绞尽脑汁。

一个月前，他们在肯尼亚港口拉穆附近给他戴上了项圈。不料摩根穿过边境来到了索马里，这对大象来说是很危险的地方。20世纪70年代，边境附近有2万头大象。到了1978年，盗猎已经使大象种群数量下降到8千头。如今，这片区域是索马里青年党（al-Shabab）的要塞，充斥着盗猎者。道格拉斯–汉密尔顿表示，那里现在还能剩下300头大象就不错了。

STE用航空普查来估算大象的种群数量，但摩根的移动轨迹使道格拉斯－汉密尔顿不禁对此心生怀疑："通过密集的GPS追踪，我们现在意识到，摩根的行为使得我们很难从飞机上看到他。他白天基本不动，到了晚上才从隐蔽处出来，走到下一个地方。现在再想想整个非洲。在很多原本有不少大象的地方，我们都发现数量损失惨重。可是考虑到摩根的行为，我感觉也许还有其他大象也适应了昼伏夜出的生活，白天都选择待在极隐蔽的地方。如果是这样的话，也就意味着非洲的大象幸存数量可能比我们统计到的更多。"

波普走进了房间。

"诶，伊恩，"他说，"库林。"

"库林怎么了？"

"中枪了。"

"噢，天哪！她伤得重吗？"

"基本走不了了。杰里尼莫（Jerenimo）一整天都陪着她，就在洛伊居克南边。那边现在有个大湖，牧民、几千头牛和大约150头大象占得满满的。杰里尼莫说他白天至少听见了16声枪响，因为牧民被那些大象给吓坏了。"

道格拉斯－汉密尔顿在屏幕上调出了库林的追踪轨迹。不可思议的是，即使在他的客厅里，我们都能清楚地看到受伤对她的影响（见42页，小图）。过去五天，她全部的GPS位点都集中在湖的南边。

"我想你已经心里有数了，"道格拉斯－汉密尔顿对我说，"仅仅在你在的这段时间里，已经有大象遭到枪击，察沃那儿还有从人类手中死里逃生而惊恐万分的大象。你最好能到桑布鲁去看看库林。她可能非死即伤。如果她死了，那也就死了。虽然很悲惨，但对你

来说去看看还是很重要的。"

"帕西塔乌是一头很棒的公象，来自安博塞利。我们在他身上放了一台GPS跟踪器的样品，跟踪器坚持了整整十天，真是太厉害了。"

杰里尼莫·勒佩雷伊（Jerenimo Leperei）在桑布鲁国家保护区的奥利克斯简易机场与我碰头。作为STE的社区工作官员，他花了大量时间帮助桑布鲁当地人了解象群的健康与他们社区的健康之间的关系。每年，保护区都会把部分收入分享给附近的社区保护地，由当地的委员会来决定怎样分配资金比较好，无论用于学校、公交还是诊所。勒佩雷伊说，他目前的任务是组织那些射击库林的牧民们一起开个会。

"她怎么样了？"我问。

"不大好，"他说，"枪伤的地方肿起来了。兽医觉得恐怕有一颗子弹打断了她的腿。我们会给她两天时间，看看能不能恢复。"

"然后呢？"

他顿了一下："他们会让她安乐死。"

这时天色已经太晚，我们没能往北走50千米土路去看库林。第二天早上，我和STE安全官员克里斯·里迪斯莫（Chris Leadismo）上了一辆卡车。我们往西开出公园，来到了西门社区保护地（Westgate Community Conservancy，WGCC）。即使才早上八点半，阳光就已经很毒辣。我们开着窗户，任凭肯尼亚含铁的尘土在我们周围滚滚升起。很快，我的笔记本被汗水浸透的

纸页上就积起了一层橙色的细尘，就像大象皮肤上的积灰一样。

大约上午十点半，我们开始瞥见不时在右边闪现的湖面。"看见那边的牛了吗？"里迪斯莫问道。在我们和湖之间有几千头牛，还有几百头山羊和几十头骆驼。他说这些都属于北边的游牧民，他们匆匆赶来，因为，10年以来，这个湖忽然第一次有了水。

里迪斯莫把车停在路边和当地人说话。他们为我们指了西门社区保护地一处野外营地的方向。我们离开主路，在金合欢树间穿行。

里迪斯莫和两个在营地的社区侦察员说话，他们是他在肯尼亚野生动物保护局培训时认识的朋友。"她离这里不远，"他告诉我，"这些人今天早上看到她了。"侦察员跳上卡车后斗，我们出发了。

上午11点06分，我们发现一片被践踏过的草，上面还留有新鲜的粪便。侦察员下车调查这片区域。几分钟后他们回来了，把我们领到一圈树环绕的地方。在树丛中盯着我们看的正是库林——她还活着。

"看到弹孔了吗？"里迪斯莫问。我看见她左耳上有一块凝固的血斑。他指给我看她鼻子上一处肿起的伤口，耳朵上也还有一处。她把前腿悬在半空中，像个拄拐的人。但至少她还活着。"她在好起来，"里迪斯莫说，"他们说她走到湖边喝水，然后又走了回来。"

波普让我记录她的状况，于是我绕着树丛寻找角度，想拍一张清楚的照片。库林的眼神跟着我，扇了扇耳朵。我在一棵树后面找到拍照的地方，蹲了下来。当我往前踏入树丛空隙时，库林用后腿站了起来，企图攻击我——这真是个好迹象！里迪斯莫告诉我，如

非洲象的GPS轨迹
2008年3月至2010年9月

0   50 km

5月，旱季快结束时，这个地区的温度可以超过50摄氏度。象群一直待在班泽纳湖附近，直到6月雨水来临，才能够到更南的地方觅食。

来源："拯救大象"；SRTM；NE；OSM；WDPA

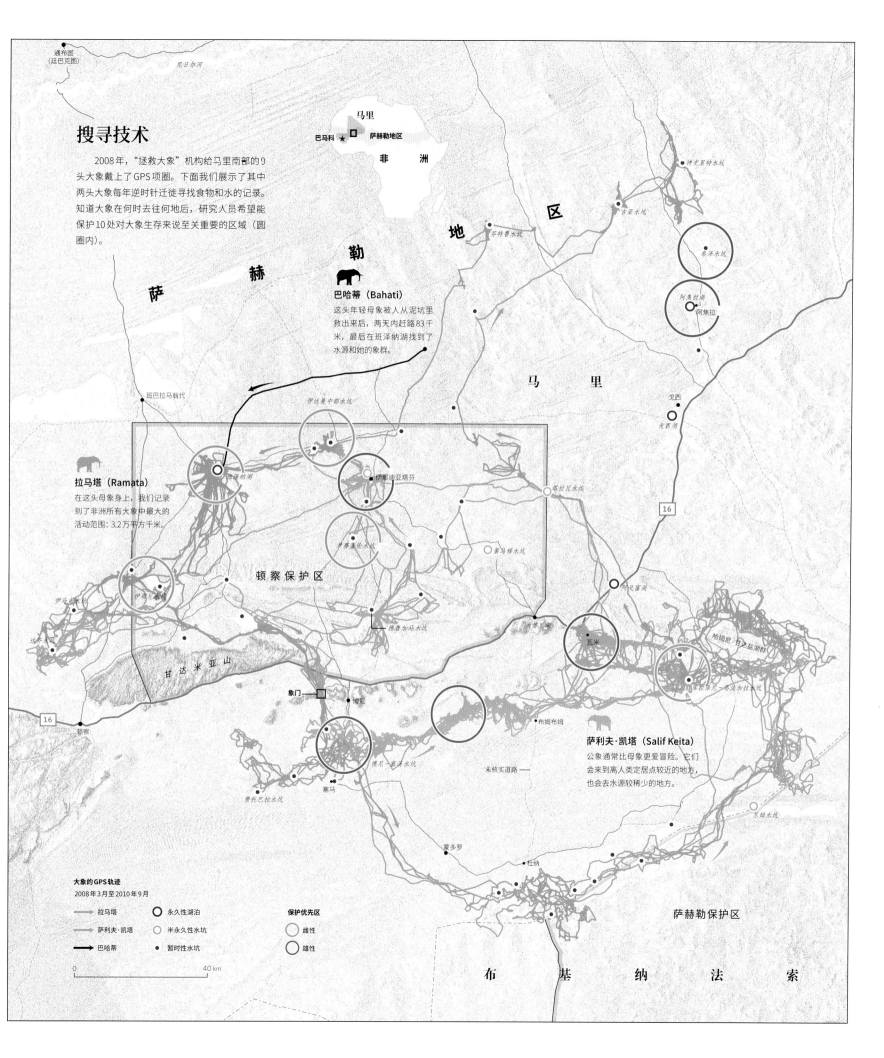

搜寻技术

　　2008年，"拯救大象"机构给马里南部的9头大象戴上了GPS项圈。下面我们展示了其中两头大象每年逆时针迁徙寻找食物和水的记录。知道大象在何时去往何地后，研究人员希望能保护10处对大象生存来说至关重要的区域（圆圈内）。

巴哈蒂（Bahati）

这头年轻母象被人从泥坑里救出来后，两天内赶路83千米，最后在班泽纳湖找到了水源和她的象群。

拉马塔（Ramata）

在这头母象身上，我们记录到了非洲所有大象中最大的活动范围：3.2万平方千米。

萨利夫·凯塔（Salif Keita）

公象通常比母象更爱冒险。它们会来到离人类定居点较近的地方，也会去水源较稀少的地方。

马里

萨赫勒地区

非洲

巴马科 ★

萨 赫 勒 地 区

顿察保护区

甘达米亚山

象门

萨赫勒保护区

布 基 纳 法 索

大象的GPS轨迹

2008年3月至2010年9月

拉马塔	○ 永久性湖泊
萨利夫·凯塔	○ 半永久性水坑
巴哈蒂	• 暂时性水坑

保护优先区

○ 雌性

○ 雄性

0 —— 40 km

通布图
（廷巴克图）

尼日尔河

班巴拉马翁代

16

顿察

达木查拉

伊摩斯尼水坑

伊达夏中部水坑

班泽纳湖

伊那迪亚塔芬

伊萨查伦水坑

萨特鲁水坑

吉亚水坑

神克里特水坑

泰泽水坑

阿焦拉湖

阿焦拉

戈西

戈西湖

塔拉瓦水坑

第马穆水坑

鹰鲁加马水坑

阿戈富湖

哈博里湖

瓦米

哈姆尼·甘达盐湖群

库我丧尼·苔法加拉水坑

博尼

博尼·塞马水坑

塞马

费托巴拉水坑

布姆布姆

未核实道路 ——

菱多罗

杜纳

万姆水坑

16

果她活动自如，还能攻击我，说明她的腿可能并没有断。

两天后我回到美国，但还是经常上STE脸书页面查看有没有最新消息。隔周，他们更新了一条："来自肯尼亚北部的噩耗：库林死了……[她]由肯尼亚野生动物保护局救治，但我们很清楚她身上的伤令她很难撑过去。她留下了3头幼象，都健康地生活在桑布鲁保护区。"

下面的许多留言都希望看到牧民被绳之以法。杰里尼莫·勒佩雷伊确定地告诉我，惩罚只会让事态恶化。教育才是解决人兽冲突的关键。4月初，他如约与洛伊居克社区的牧民和长老见了面。大约50个人在离库林死的地方不远处聚会，他们一起吃了顿饭，回想着与大象和平相处的古老生活方式。

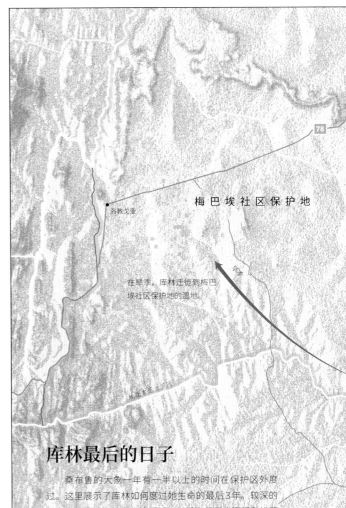

梅巴埃社区保护地

在旱季，库林迁徙到梅巴埃社区保护地的湿地。

库林最后的日子

桑布鲁的大象一年有一半以上的时间在保护区外度过。这里展示了库林如何度过她生命的最后3年。较深的橙色方格是她比较喜欢的区域，包括洛伊居克沼泽和埃瓦索恩吉罗河畔的几个地点。

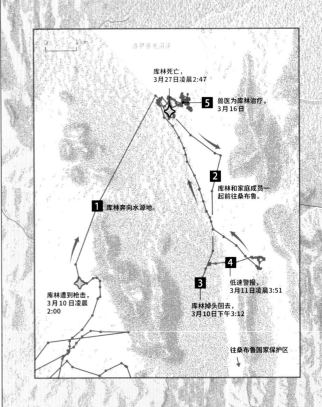

库林死亡，
3月27日凌晨2:47

5 兽医为库林治疗，
3月16日

2 库林和家庭成员一起前往桑布鲁。

1 库林奔向水源地。

4 低速警报，
3月11日凌晨3:51

3 库林掉头回去，
3月10日下午3:12

库林遭到枪击，
3月10日凌晨2:00

往桑布鲁国家保护区

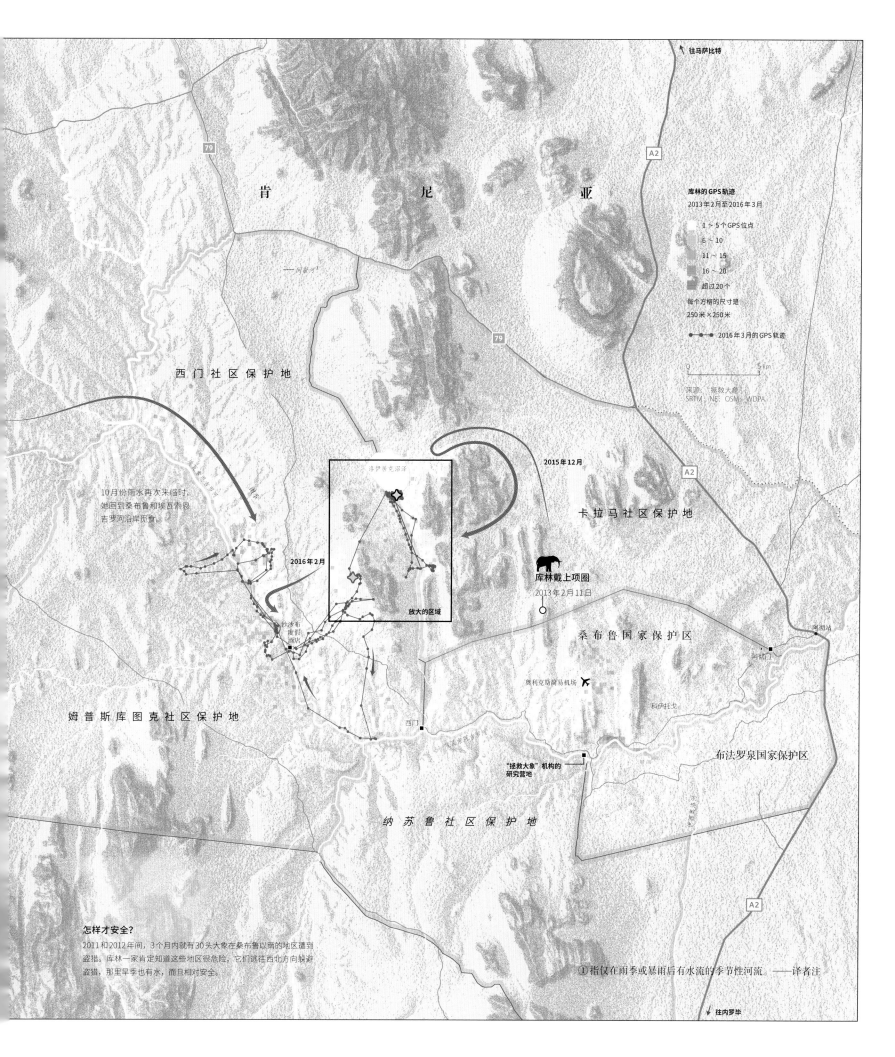

往马萨比特

肯　尼　亚

79

A2

79

A2

西 门 社 区 保 护 地

一阿敦河①

库林的GPS轨迹
2013年2月至2016年3月

1 ～ 5个GPS位点
6 ～ 10
11 ～ 15
16 ～ 20
超过20个

每个方格的尺寸是
250米×250米

2016年3月的GPS轨迹

0　　　　　5 km

来源：拯救大象
SRTM、NE、OSM、WDPA

洛伊居克沼泽

2015年12月

卡 拉 马 社 区 保 护 地

10月份雨水再次来临时，
她回到桑布鲁和埃瓦索恩
吉罗河沿岸觅食。

2016年2月

放大的区域

库林戴上项圈
2013年2月11日

桑 布 鲁 国 家 保 护 区

阿敦站

沙漠布度假酒店

奥利克斯简易机场

阿敦门

姆 普 斯 库 图 克 社 区 保 护 地

科伊托戈

布 法 罗 泉 国 家 保 护 区

西门

"拯救大象"机构的
研究营地

纳 苏 鲁 社 区 保 护 地

A2

怎样才安全？
2011和2012年间，3个月内就有30头大象在桑布鲁以南的地区遭到
盗猎。库林一家肯定知道这些地区很危险，它们逃往西北方向躲避
盗猎，那里旱季也有水，而且相对安全。

① 指仅在雨季或暴雨后有水流的季节性河流。　——译者注

往内罗毕

再次迁徙的斑马

非 洲

KAZA跨境保护区

博茨瓦纳

卡万戈-赞比西跨境保护区（又名KAZA）包括安哥拉、博茨瓦纳、纳米比亚、赞比亚和津巴布韦的超过30个国家公园、保护区和野生动物管理区。

　　斑马需要四处游荡的空间，只是我们以前从不知道它们需要那么多。我们在这张地图上展示了两条迁徙轨迹，算是全球陆地迁徙中最长的的路线。两条轨迹都是数年前才通过GPS项圈发现的。

　　2007年，哈蒂·巴特拉姆－布鲁克斯（Hattie Bartlam-Brooks）正在奥卡万戈三角洲主持一项食草动物迁徙运动的调查，被她戴上项圈的斑马中，有6只从那里出发前往290千米外的马卡迪卡迪盐沼。"真是出乎意料。"她说，因为一道野生动物控制围栏曾将这条迁徙路线阻断了长达36年。尽管博茨瓦纳在2004年拆除了围栏，但她相信损失已经不可挽回。考虑到斑马一般只能活15年，巴特拉姆－布鲁克斯表示："曾经完成过迁徙的斑马，几乎不可能有任何一只活到了2004年。"然而关于这条路线的知识却以某种方式流传了下来。也许迁徙只是一种本能；也许这些斑马只是在摸索中偶然碰到了盐沼，然后就重新开始迁徙。不管哪种情况，它们的恢复力都令人有理由满怀希望。

　　还有一个让人满怀希望的理由：2011年，博茨瓦纳和四个邻国签订了协议，设立一个相当于法国大小的跨国保护区（左上图）。20世纪，政府筑起围栏，限制动物活动。而如今，他们建立起合作关系，共同保护动物。

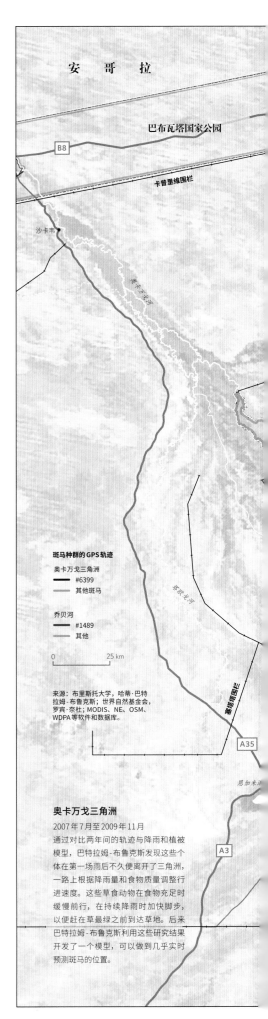

安 哥 拉

巴布瓦塔国家公园

B8

卡普里维围栏

沙卡韦

夸卡多河

斑马种群的GPS轨迹

奥卡万戈三角洲
—— #6399
—— 其他斑马

乔贝河
—— #1489
—— 其他

0　　25 km

来源：布里斯托大学，哈蒂·巴特拉姆·布鲁克斯；世界自然基金会，罗宾·奈杜；MODIS、NE、OSM、WDPA等软件和数据库。

嘉塔围栏

A35

恩加米湖

A3

奥卡万戈三角洲

2007年7月至2009年11月
通过对比两年间的轨迹与降雨和植被模型，巴特拉姆-布鲁克斯发现这些个体在第一场雨后不久便离开了三角洲，一路上根据降雨量和食物质量调整行进速度。这些草食动物在食物充足时缓慢前行，在持续降雨时加快脚步，以便赶在草最绿之前到达草地。后来巴特拉姆-布鲁克斯利用这些研究结果开发了一个模型，可以做到几乎实时预测斑马的位置。

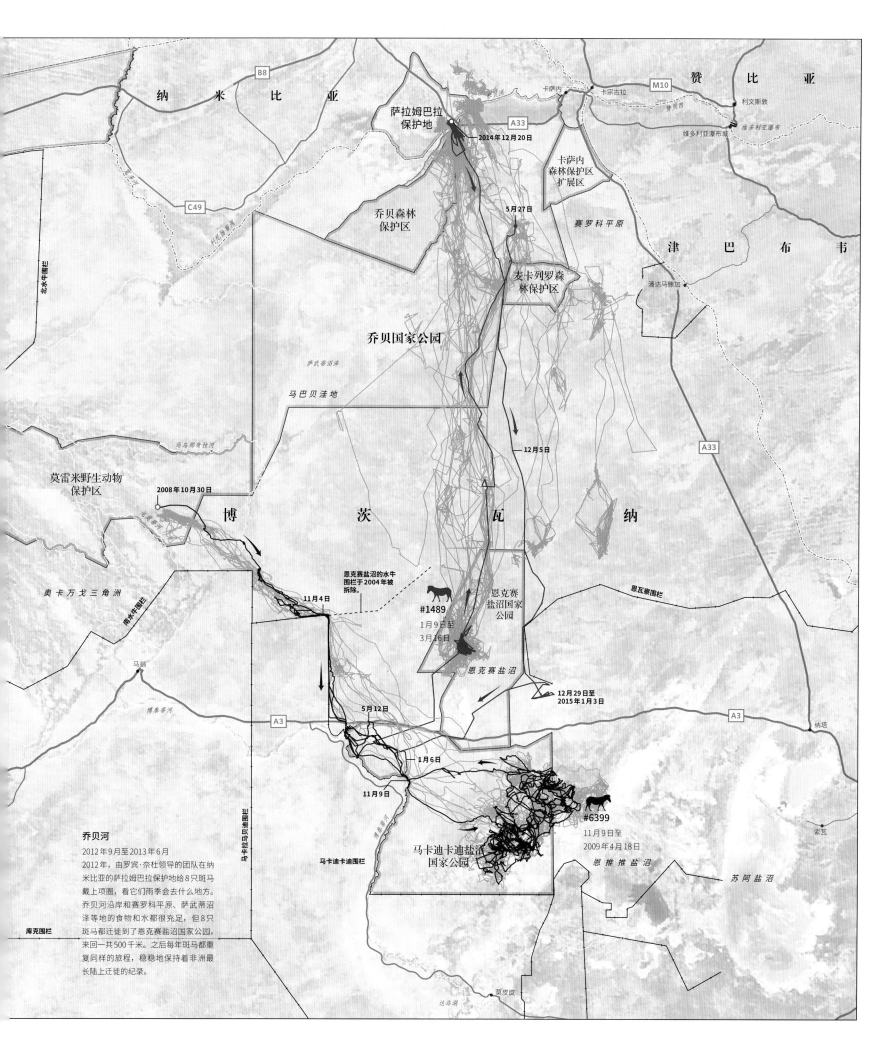

纳米比亚

赞比亚

B8

C49

萨拉姆巴拉
保护地
2014年12月20日

卡萨内

卡宗古拉

M10

利文斯敦

维多利亚瀑布城

卡萨内
森林保护区
扩展区

乔贝森林
保护区

5月27日

赛罗科平原

津巴布韦

麦卡列罗森
林保护区

潘达马滕加

乔贝国家公园

萨武蒂沼泽

马巴贝洼地

12月5日

A33

莫雷米野生动物
保护区

2008年10月30日

博

茨

瓦

纳

奥卡万戈三角洲

恩瓦蔡围栏

恩克赛盐沼的水牛
围栏于2004年被
拆除。

11月4日

#1489
1月9日至
3月16日

恩克赛
盐沼国家
公园

马翁

恩克赛盐沼

12月29日至
2015年1月3日

博泰蒂河

A3

A3

纳塔

5月12日

1月6日

索瓦

11月9日

#6399
11月9日至
2009年4月18日

乔贝河

2012年9月至2013年6月
2012年，由罗宾·奈杜领导的团队在纳
米比亚的萨拉姆巴拉保护地给8只斑马
戴上项圈，看它们雨季会去什么地方。
乔贝河沿岸和赛罗科平原、萨武蒂沼
泽等地的食物和水都很充足，但8只
斑马都迁徙到了恩克赛盐沼国家公园，
来回一共500千米。之后每年斑马都重
复同样的旅程，稳稳地保持着非洲最
长陆上迁徙的纪录。

马卡迪卡迪盐沼
国家公园

恩推推盐沼

苏阿盐沼

马卡迪卡迪围栏

库克围栏

达乌湖

莫皮皮

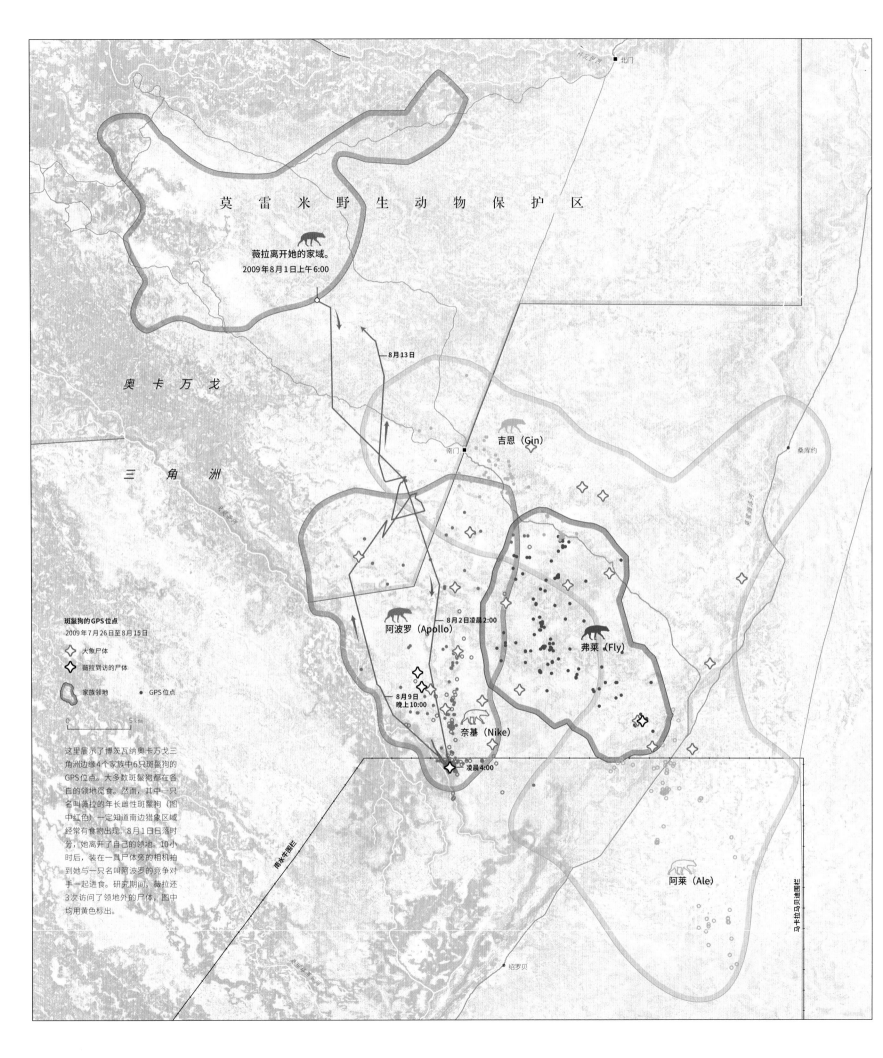

莫 雷 米 野 生 动 物 保 护 区

薇拉离开她的家域。
2009年8月1日上午6:00

奥 卡 万 戈

—8月13日

三 角 洲

吉恩（Gin）

斑鬣狗的GPS位点
2009年7月26日至8月15日

✧ 大象尸体

✧ 薇拉到访的尸体

◯ 家族领地　• GPS位点

0　　　　5 km

阿波罗（Apollo）

—8月2日凌晨2:00

弗莱（Fly）

这里展示了博茨瓦纳奥卡万戈三
角洲边缘4个家族中6只斑鬣狗的
GPS位点。大多数斑鬣狗都在各
自的领地觅食。然而，其中一只
名叫薇拉的年长雌性斑鬣狗（图
中红色）一定知道南边猎象区域
经常有食物出现。8月1日日落时
分，她离开了自己的领地。10小
时后，装在一具尸体旁的相机拍
到她与一只名叫阿波罗的竞争对
手一起进食。研究期间，薇拉还
3次访问了领地外的尸体，图中
均用黄色标出。

—8月9日
晚上10:00

奈基（Nike）

凌晨4:00

阿莱（Ale）

斑鬣狗与战利品狩猎

在斑鬣狗看来，大象的尸体就是食物，无论这只大象是自然死亡还是猎人扳机下的战利品。那么要是给这些食肉动物提供大量的大象尸体，会发生什么？瑞士研究人员加布里埃莱·科齐（Gabriele Cozzi，苏黎世大学）相信，奥卡万戈三角洲多出来的尸体会改变斑鬣狗的行为，但在他看来，真正的问题在于这种行为的改变会持续多长时间。科齐和他的团队首次研究了战利品狩猎如何影响付费狩猎范围外的物种。

2008到2010年间，在博茨瓦纳莫雷米野生动物保护区和周边地区，科齐用GPS项圈跟踪了12只斑鬣狗。当时，博茨瓦纳每年让职业猎人在保护区和南水牛围栏之间的指定狩猎区猎杀14到17头大象。猎人把猎杀物的位置告诉了科齐的团队，使研究人员得以在5处尸体附近的树林和灌丛里架起相机。

通过相机镜头，科齐看到斑鬣狗（还有胡狼、狮子和蜜獾）在大象死后的10到12天里持续造访尸体（见下图）。此后随着肉质腐坏，来访者的数量下降，它们在每具尸体边停留的时间也缩短了。不过，有些斑鬣狗直到50天后还在继续取食。

这项为期3年的研究发现，战利品狩猎平均每年为每个定居群体或者说家族（其领地在图中用蓝色、黄色和紫色表示）提供相当于一个月量的食物。这些发现意味着，战利品狩猎的影响比看上去更加复杂。博茨瓦纳政府让事情变得简单了一些：2013年，他们全面禁止了战利品狩猎。

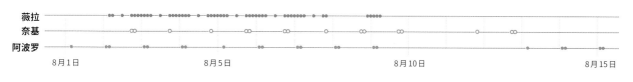

取食时间
2009年8月1日至15日
薇拉和竞争对手的家族一起进食

来源：苏黎世大学，加布里埃莱·科齐；LANDSAT；NE；OSM；WDPA

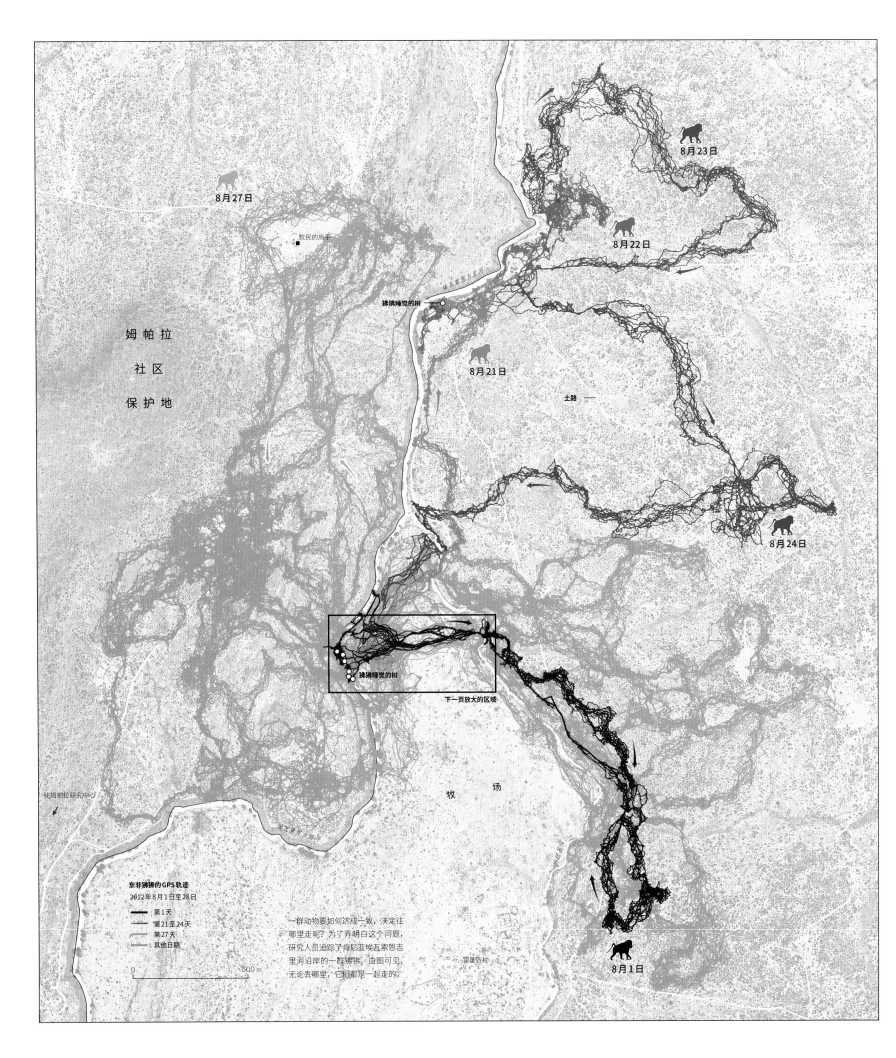

8月27日

8月23日

8月22日

牧民的房子

姆 帕 拉

社 区

保 护 地

狒狒睡觉的树

8月21日

土路 ——

埃瓦索恩吉里河

8月24日

下一页放大的区域

狒狒睡觉的树

牧 场

往姆帕拉研究中心

东非狒狒的GPS轨迹

2012年8月1日至28日

—— 第1天
—— 第21至24天
—— 第27天
—— 其他日期

0   500 m

一群动物要如何达成一致，决定往
哪里走呢？为了弄明白这个问题，
研究人员追踪了肯尼亚埃瓦索恩吉
里河沿岸的一群狒狒。由图可见，
无论去哪里，它们都是一起走的。

富基倍村

8月1日

狒狒如何统一行动

我们都曾经历过这样的事：你和一群朋友一起离开餐馆，想着今晚接下来做点什么。去喝几杯？吃甜品？还是跳舞？有两个朋友在找取款机，另一个在接电话，还有三个在餐馆里，这种情况下你们又怎么一起决定去哪里呢？狒狒每天都面临同样的问题，只不过它们的群体要大得多。

集体动物行为长期困扰着科学家，主要是因为在野外没法进行追踪。2012年，人类学家玛格丽特·克罗夫特（Margaret Crofoot）找到了方法。

她和一个国际研究团队给25只东非狒狒戴上项圈，这些狒狒属于肯尼亚姆帕拉研究中心附近一个由46只个体组成的群体。她的数据与其他追踪研究的不同之处在于尺度。一只狒狒稍做移动，就能触发整个群体中其他狒狒的动作，因此克罗夫特把25个高级GPS项圈都设定为每秒记录一次位置，就像一台高帧速的慢动作摄像机。为了理解狒狒的行动，她需要看其中每一帧的画面。收集了几周数据之后，克罗夫特已经获得超过两千万个数据点。

整个数据集呈现了这一群体在4周时间里做过的决定。从曲折回环的路径中，我们能看出它们去哪里觅食，能看出它们与村民保持着很宽的安全距离，能看出它们在哪里睡觉，还有当一只豹在附近徘徊时，它们如何另找一片"能睡觉的树林"待上几晚（8月21日至24日）。这些轨迹提供了背景信息，但并不能回答最大的问题：狒狒们如何达成一致，一起决定集体去往哪里？为了回答这个问题，克罗夫特需要一个点接一个点地查看整个数据集。还好，有人帮忙。

马克斯·普朗克鸟类学研究所的达米安·法里纳和普林斯顿大学的阿里安娜·斯坦伯格-佩什金（Ariana Strandburg-Peshkin）写的软件能识别一只狒狒移动方向

的变化，并与相邻狒狒的移动进行比较。这样的分析识别出了狒狒的57,000次决定，而每次决定都有各自的后果。

比如说，一只狒狒决定离开他的邻居，因为他发现路对面有某种特别好吃的东西。可能会有一些朋友跟着他一起离开，研究者们把这种现象叫作"拉动"。但如果没有狒狒跟上来，那么饥饿的狒狒就有可能改变主意，继续留在群体中，也就是研究者们所谓的"锚定"。总而言之，正是拉动或锚定的一次次决定支配着群体去往何方。下面一直延伸到右页的一连串小图说明了两种群体尺度上的情况。如果一只狒狒有了一小群跟班，其他狒狒可能会"选择"加入，直到最终整个群体都跟随其后。哪怕狒狒们只是在行进方向上稍有分歧，它们也会走"折中路线"，保持群体统一行动。如下图的序列所示，这两种情况有可能且经常相继发生。

这种"共同决策"对克罗夫特来说出乎意料，因为狒狒社会是等级制的。吃饭和交配时，占统治地位的个体都压制着它们的下级。但在日常管理中，没有一只狒狒能单独做主——就连地位最高的雄性或雌性都不行。正如克罗夫特所言："群体中的每个成员都有发言权。"

对于如此庞大的数据集，她的团队有许多问题要问。也许因为数据已经多到连他们自己都回答不过来，于是他们在动物数据共享平台Movebank上共享了一千万个数据点（见第30页）。现在，世界各地的其他研究者都可以研究这些数据了——不必再往更多狒狒身上安项圈。

克罗夫特和法里纳希望在未来的研究中弄明白两个问题：1）狒狒群体如何决定何时动身，2）个体是否会利用形势对群体施加影响。毕竟，在面对饥饿的豹时，折中或许并不是最好的办法。

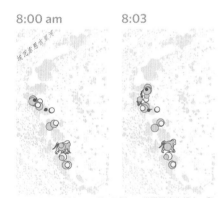

8:00 am

8:03

8:06

8:09

8:00—8:03 早上7:00到8:00间，一批狒狒率先起床，爬下它们睡觉的树。成年狒狒坐着互相理毛，幼年狒狒在附近玩耍。

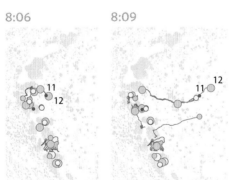

8:06—8:09 来自北边树林的一只成年雌性狒狒（12号）和一只幼年狒狒（11号）开始在开阔地觅食。马上有另外3只狒狒跟了上来。

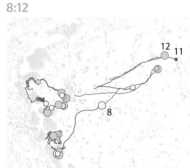

8:12

8:15

8:12—8:15 尽管在群体中地位较低，11号和12号还是掌握了大局。除4只狒狒外，其他狒狒都决定跟随它们。穿越开阔地的途中，11号调头往回走，大部队也停了下来。来自南边树林的一只成年雄性（8号）跑回去集合落伍的狒狒。

晨间通勤

2012年8月1日，由46只狒狒组成的群体迅速穿过附近村庄的牧场，从一条河跑向另一条，开始它们日常的觅食活动。下图的追踪轨迹来自13只成年狒狒、10只亚成体狒狒和2只较大的幼体，每只都戴着GPS颈圈，每秒记录它们的位置。雄性用蓝色表示，雌性用红色，圆圈大小代表年龄。令研究人员惊讶的是，领头的并不是地位最高的雄性或雌性，而是一对母子。

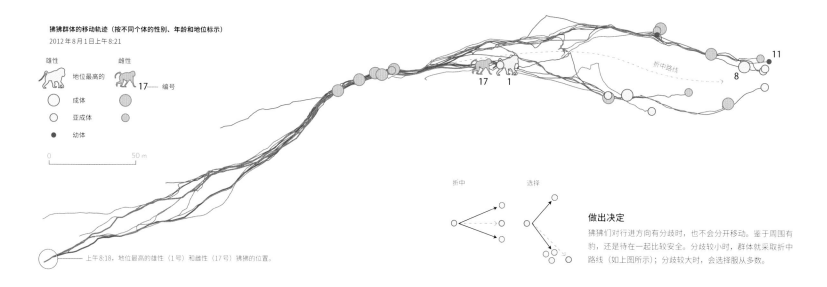

狒狒群体的移动轨迹（按不同个体的性别、年龄和地位标示）
2012年8月1日上午8:21

雄性　　　雌性

地位最高的

17　编号

成体

亚成体

幼体

0　　50 m

上午8:18，地位最高的雄性（1号）和雌性（17号）狒狒的位置。

折中路线

折中　　选择

做出决定

狒狒们对行进方向有分歧时，也不会分开移动。鉴于周围有狗，还是待在一起比较安全。分歧较小时，群体就采取折中路线（如上图所示）；分歧较大时，会选择服从多数。

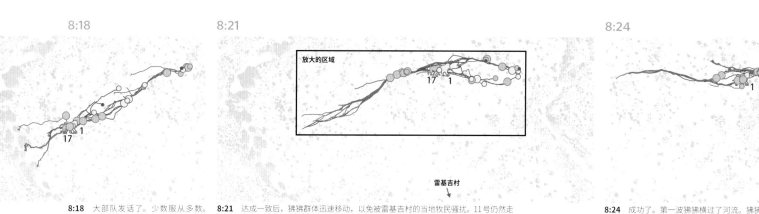

8:18　大部队发话了。少数服从多数。地位最高的一对（1号和17号）停止理毛，赶上其他狒狒。

8:21　达成一致后，狒狒群迅速移动，以免被雷基吉村的当地牧民骚扰。11号仍然走在前面，地位最高的一对在中间，这群狒狒的目的地是能横穿纳纽基河的一个地方。

放大的区域

雷基吉村

8:24　成功了。第一波狒狒横过了河流。狒狒群会从这里出发，向南觅食，在太阳下山前返回埃瓦索恩吉里河畔，回到睡觉的树林。

来源：加州大学戴维斯分校，玛格丽特·克洛夫特；马克斯·普朗克鸟类研究所，达米安·法里纳

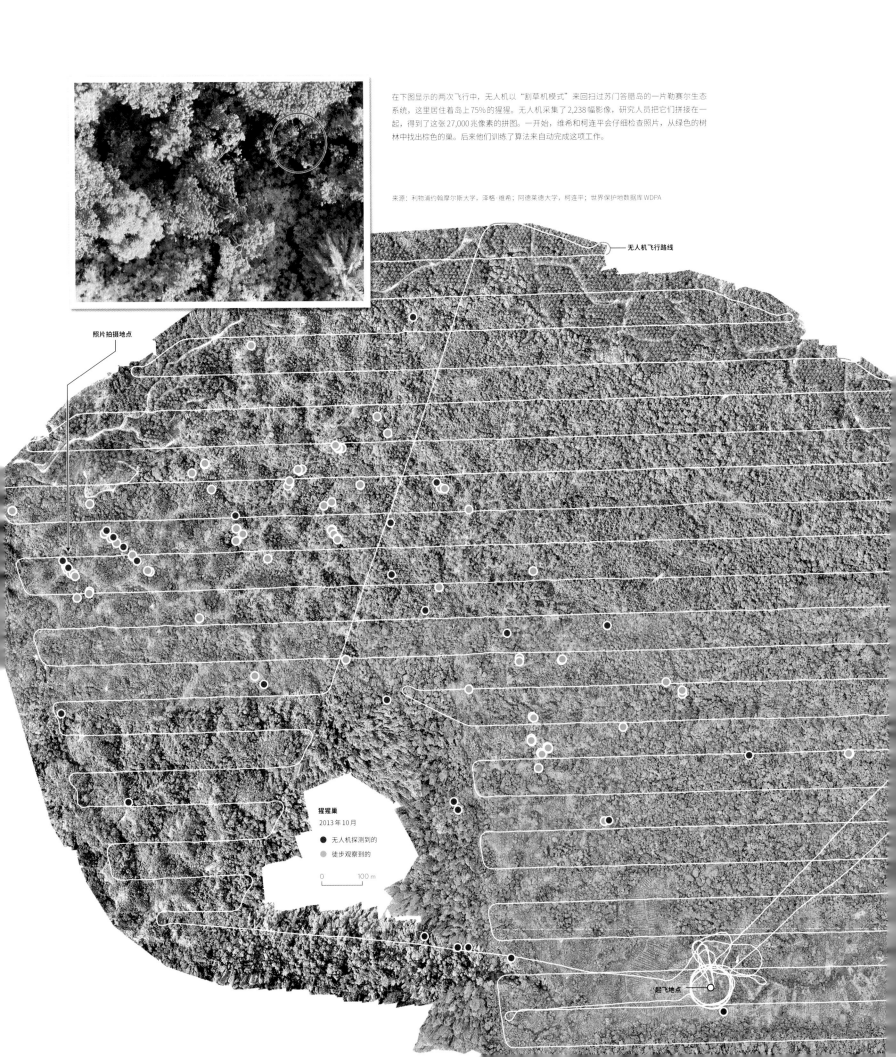

在下图显示的两次飞行中，无人机以"割草机模式"来回扫过苏门答腊岛的一片勒赛尔生态系统，这里居住着岛上 75% 的猩猩。无人机采集了 2,238 幅影像，研究人员把它们拼接在一起，得到了这张 27,000 兆像素的拼图。一开始，维希和柯连平会仔细检查照片，从绿色的树林中找出棕色的巢。后来他们训练了算法来自动完成这项工作。

来源：利物浦约翰摩尔斯大学，泽格·维希；阿德莱德大学，柯连平；世界保护地数据库 WDPA

无人机飞行路线

照片拍摄地点

猩猩巢
2013 年 10 月

● 无人机探测到的

○ 徒步观察到的

0   100 m

起飞地点

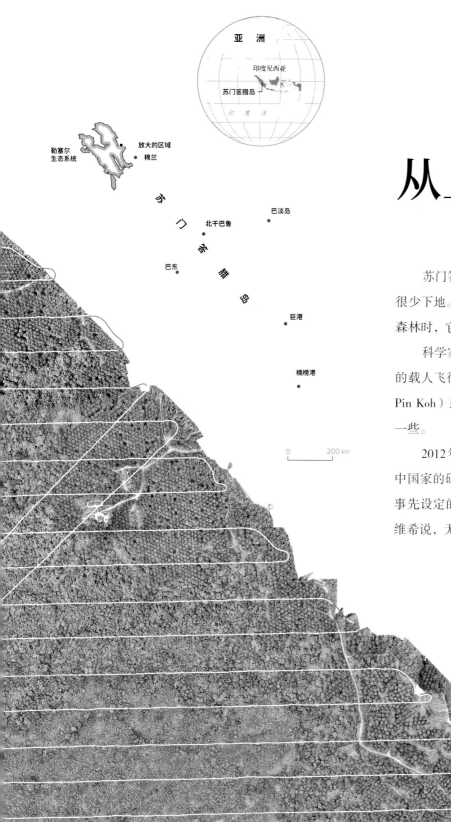

亚洲

印度尼西亚

苏门答腊岛

印度洋

勒塞尔
生态系统

放大的区域

棉兰

苏

门

答

腊

岛

巴淡岛

北干巴鲁

巴东

巨港

楠榜港

0   200 km

从上往下看猩猩

苏门答腊猩猩需要树。它们在树冠里筑巢，而且和婆罗洲猩猩不同，它们很少下地。因此当人们选择性地砍伐部分树木，甚至为了种植油棕而成片砍伐森林时，它们的种群数量便急剧下降。

科学家监测猩猩数量的方法是数巢。这曾经要承担艰巨的地面调查或昂贵的载人飞行。后来生物学家泽格·维希（Serge Wich）和生态学家柯连平（Lian Pin Koh）想了个主意：如果不用人的眼睛盯着猩猩看，也许会容易且便宜一些。

2012年，他们成立了"环保无人机"（Conservation Drones）机构，为发展中国家的研究者提供平价易用的无人机。装载相机和GPS的无人机会自动按照事先设定的路线飞行，研究人员只要把它投到空中就可以。在第一次测试中，维希说，无人机20分钟就完成了一片徒步调查要花费3天的区域。

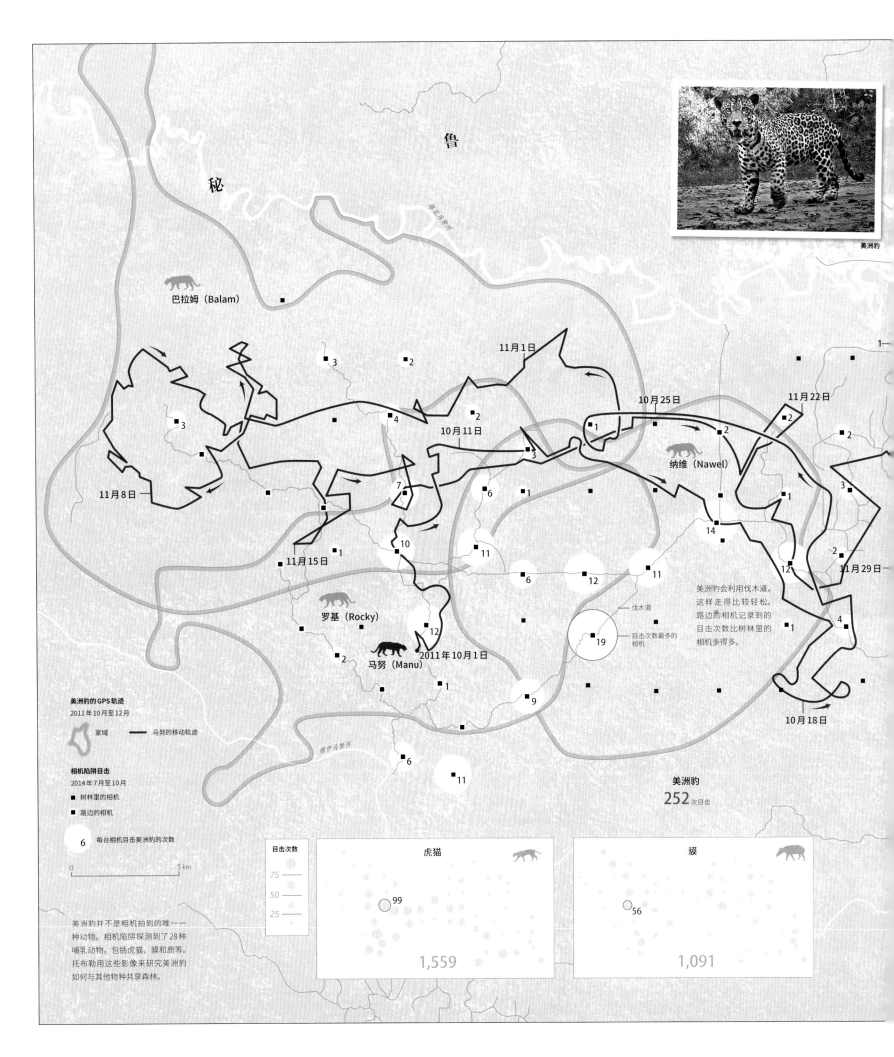

鲁

秘

美洲豹

巴拉姆（Balam）

11月1日

10月25日

11月22日

1

3   2

2   4   10月11日   2

1   2

3

3   纳维（Nawel）

11月8日   2   7   6   1   1   1   14   3

2   11

11月15日   1   10   11   6   12   11   12   2   11月29日

美洲豹会利用伐木道，
这样走得比较轻松。
路边的相机记录到的
目击次数比树林里的
相机多得多。   4

罗基（Rocky）   19   伐木道   1

12   目击次数最多的相机

2   马努（Manu）   1   10月18日
2011年10月1日   9

美洲豹的GPS轨迹
2011年10月至12月

家域   马努的移动轨迹

相机陷阱目击
2014年7月至10月
■ 树林里的相机
■ 路边的相机   6   6   美洲豹
11   **252** 次目击

6   每台相机目击美洲豹的次数

0   5 km

目击次数   虎猫   貘

75

50   99   56

25

美洲豹并不是相机拍到的唯一——
种动物。相机陷阱探测到了28种
哺乳动物，包括虎猫、貘和鹿等。
托布勒用这些影像来研究美洲豹
如何与其他物种共享森林。   **1,559**   **1,091**

虎猫（*Leopardus pardalis*）

美洲豹（*Panthera onca*）

貘（*Tapirus terrestris*）

赤短角鹿（*Mazama americana*）

伊比利亚

60 km²
相机陷阱研究中典型的
研究区域面积

12月1日

2

30

4   1

7

12

2

6

7

1

2

3   2   3

4

赤短角鹿

567

42

放大的区域

利马 ★
秘鲁 **南 美 洲**

美洲豹自拍

美洲豹在演化中学会了隐藏自己。它们悄无声息、身披迷彩、基本上昼伏夜出，还住在地球上最偏远的那些森林里。大约20年前，科学家开始用运动触发的"相机陷阱"抓拍这些活动中的大猫。他们推断，在大小相当于纽约曼哈顿的研究区域内，可以通过目击记录来估算周围的森林里生活着多少美洲豹。

在随后的2011年，马蒂亚斯·托布勒（Mathias Tobler）给秘鲁亚马孙地区的5只美洲豹戴上了GPS项圈。一只名叫马努的雄性（紫色）美洲豹活动范围达到600平方千米——是曼哈顿面积的10倍。托布勒震惊了。他开始复查所有关于美洲豹的相机陷阱研究，包括他自己做的在内。"人们做过的研究中，90%完全高估了美洲豹的密度，"他说，"我们的相机陷阱研究网太小了。"后果很严重，因为这意味着科学家视为安全的种群也许实际上是需要保护的。

2014年，托布勒回到秘鲁，这一次他在650平方千米的区域内安装了89台相机。较大的研究区域网包含了整个美洲豹的活动范围（蓝色），识别出了41只个体，比以往任何研究中见到的都多。

来源：圣迭戈动物园总会、马蒂亚斯·托布勒；
世界野生动物基金会，乔治·鲍威尔；GLCF；OSM

横穿101号高速公路的绿化天桥修筑计划正在推进。这座天桥将为圣莫尼卡山脉的美洲狮提供一条通往锡米山的疏散路线。

为路所困的美洲狮

北 美 洲

美国

放大的区域

墨西哥

　　用好莱坞的行话说，加利福尼亚南部的美洲狮可能正在"走红"。它们中的"一线明星"是P-22，一只6岁的雄性美洲狮，独自生活在格里菲斯公园的山丘里。过去3年间，"狗仔队"在各种场合偷拍到他：走过好莱坞标牌、躲在房屋底下、潜入洛杉矶动物园，隔天饲养员还在那里发现了一只惨遭分尸的树袋熊。

　　30年前，这般亲密接触可能会以一具死狮告终。而如今，洛杉矶的居民越来越能接受和顶级捕食者相伴。加利福尼亚大学戴维斯分校的野生动物兽医温斯顿·维克斯（Winston Vickers）表示："人们见到P-22时，就把他当作名人看待。"随着逐渐加深对这种动物的了解，人们开始不那么把他看成掠夺者，而更多视为吉祥物。现在你可以买到印有P-22肖像的T恤，或者在推特上关注他（@GPMountainLion）。

美洲狮的活动范围很广。在加州南部，高速公路限制了它们的活动。研究人员自2001年起追踪过74只美洲狮，这里展示其中5只。仅一只曾横穿15号州际公路（I-15）。

M56

2010年3月7日，这只年轻雄性离开圣安娜山脉，去寻找新的领地。他沿着海滩向南，再沿76号公路向上，最后横穿15号州际公路，去探索半岛山脉。

4月末，M56在哈帕图山谷杀了8只羊。土地所有者获得了掠夺许可（Depredation permit，允许杀死掠夺人类财产、造成损失的野生动物）。4月28日晚上，一位捕兽人抓住并射杀了M56。

M122

成年雄性会杀死或威胁它们领地里的其他雄性。M122在默里埃塔附近出生，之后离家到西北方山麓去建立自己的领地。

F50

F50和她的后代一起住在圣安娜山脉，直到被车撞死在74号高速公路。她的女儿F62和一只雄性幼崽也在那附近被车撞了。

圣贝纳迪诺国家
森林

美

国

7月23日

7月5日

圣贝纳迪诺国家
森林

圣罗莎和圣哈辛
托山国家纪念区

科尔峡谷廊道

奇诺山州立公园

圣安娜河

克利夫兰
国家森林

4月29日

蒂梅丘拉

3月25日

帕洛马连接处

2010年3月7日

圣克利门蒂

彭德顿营海军
陆战队基地

3月22日

4月3日

4月7日至13日

克利夫兰国家
森林

2004年6月25日

8月21日

F18

一般来说，雌性不会像雄性
一样离家那么远。F18是个
例外。她走了100千米，来
到棕榈泉附近的圣哈辛托，
然后回到圣迭戈县。

2009年5月10日

11月30日

M53

2009年夏天，这只年轻雄性
至少3次经由美墨两国公园
连接处，穿过国境来到墨西
哥。他在墨西哥被车撞死之
前，曾经在国境线以南69千
米处游荡。

克利夫兰国家
森林

M56被射杀

4月28日
哈帕图山谷

4月25日

两国公园连接处

拉鲁莫萨

6月9日

圣迭戈

特卡特

蒂华纳

萨拉达湖

7月28日

墨 西 哥

美洲狮的GPS轨迹

2004 至 2015

家域

野生动物廊道
已有的
提议建设的

成功穿过高速公路

0   25 km

来源：加州大学戴维斯分校，T.维斯顿·维克斯和韦尔特·博伊斯；
美国大自然保护协会，布莱恩·科恩；SRTM；USGS

5月26日

大救星 M86

为研究加州美洲狮之间的亲缘关系，研究人员从每只戴颈圈的个体身上采了血样。DNA分析显示，在圣安娜山脉一带频繁出现近亲繁殖。如果他们想在这里活下去，就需要多样性更高的基因库。幸运的是，有一只外来美洲狮成功穿过了15号州际公路并成功在这里繁殖，它就是来自半岛山脉的雄性 M86。

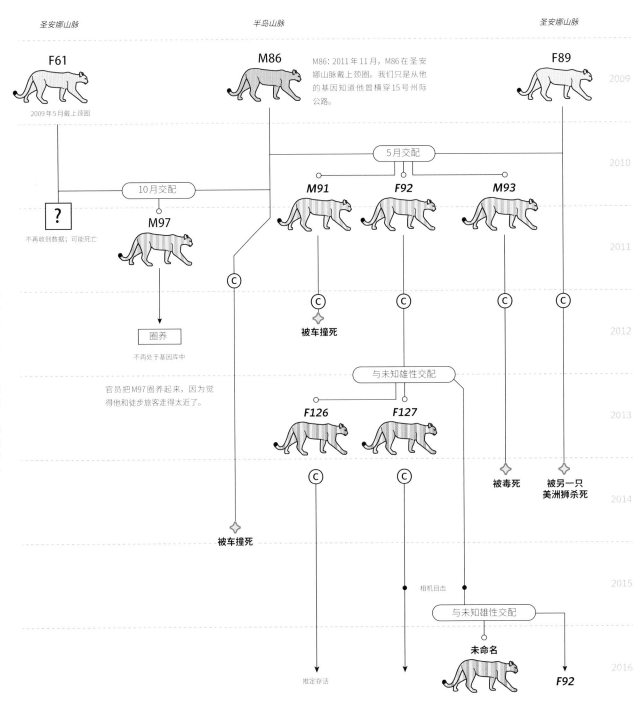

圣安娜山脉　　　　　　　　　　　半岛山脉　　　　　　　　　　　　　圣安娜山脉

F61

2009年5月戴上颈圈

M86

M86：2011年11月，M86在圣安娜山脉戴上颈圈。我们只是从他的基因知道他曾横穿15号州际公路。

F89

2009

5月交配

2010

M86 的后代
2009—2016

○ 出生
ⓒ 戴上颈圈
◆ 遇害

M86的后代可能会使圣安娜种群焕发新生——不过首先它们得活下来。目前，人们认为他的后代中只有4只还活着：F92和她的女儿F126、F127，以及一只尚未命名的幼崽。

换言之，即使有更多美洲狮追随M86的脚步而来，它们每天仍要面临各种风险：车辆、掠夺许可、毒药、野火，以及相互竞争。就在写作本书期间，我们听说一只美洲狮在欧文湖以南的圣地亚哥峡谷路被车撞死了。那正是M86。

10月交配

M91　　**F92**　　**M93**

?

不再收到数据；可能死亡

M97

ⓒ

ⓒ　被车撞死

ⓒ

ⓒ

ⓒ

2011

2012

圈养

不再处于基因库中

官员把M97圈养起来，因为觉得他和徒步旅客走得太近了。

与未知雄性交配

F126　　**F127**

被毒死　　被另一只美洲狮杀死

2013

ⓒ

ⓒ

2014

被车撞死

相机目击

2015

与未知雄性交配

未命名

推定存活

F92

2016

20世纪80年代后期，科学家开始用无线电追踪并建模研究洛杉矶东南圣安娜山脉美洲狮的活动。他们发现这些美洲狮实际上被困在孤岛上，高速公路和不断蚕食空间的人类发展已将它们包围。维克斯和他的合作者把这些研究带到了21世纪，并用上了GPS技术和基因分析（左图）。自从2001年引入这些方法以来，只有一只被标记为M56的雄性美洲狮（地图上用紫色表示）成功地来回横穿了15号州际公路（I-15），但25天后就因捕食牧民的羊而被杀死。圣安娜种群因无法与其他基因库交流而陷入了危险的境地。

对维克斯来说，这一区域的美洲狮有象征意义。"它们就是人类做得太过分的证据，"他说，"它们生来活动范围很广，在大多数地方都能存活，但事实告诉我们，高速公路是远远超乎我们设想的重大障碍。"根据几十年来的追踪数据，他和合作者找出了有可能穿过障碍的潜在通道。这样的通道在圣安娜山脉只有两条。我们都去看了。

2003年，加利福尼亚交通运输局把加州91号公路的42号出口改建成野生动物通道，名叫科尔峡谷廊道。虽然听起来像是条灌木丛生的小径，但其实是一条砂砾铺就的下穿通道，装饰着大石块和6棵干瘦的小树苗。最近，州政府又重新硬化了廊道西段路面，供高速公路巡逻车调头使用。"真是太气人了！"维克斯说，"他们先把硬路面凿开，现在又把硬路面铺了回来。"他在圣安娜山脉追踪的33只美洲狮中，没有一只用过这个通道。"人们觉得科尔峡谷挺宽敞，是条不错的廊道，美洲狮可不这么认为，"他说，"走近廊道时要穿过一片开阔地，就在高速公路司机的视平线上。美洲狮生性隐秘，需要植被或涵洞提供遮蔽。"

在山脉的另一端，有人提议在蒂梅丘拉以南修建一座植被覆盖的桥，从15号州际公路上方穿过。这给圣安娜的美洲狮们提供了一条退路，可以通往帕洛马山脉和半岛山脉。除了迁地保护之外，这是它们唯一的希望——然而也很渺茫。在州际公路以西有一个生态保护区，但东边已被住宅、高尔夫球场和其他私人设施多方割据。逐一把地买下来既昂贵又费时间。我说个数字你们感受一下：建科尔峡谷廊道需要买十块地；建帕洛马连接处则需要买好几十块。

对维克斯来说，这一区域的美洲狮有象征意义。"它们就是人类做得太过分的证据，"他说，"它们生来活动范围很广，在大多数地方都能存活，但事实告诉我们，高速公路是远远超乎我们设想的重大障碍。"

在路边的一块地里有条没有路标的小径，通往一处可以俯视过往车辆的斜坡。在斜坡顶端，很容易体会美洲狮的视角：就在这里，100米外就有一连串荒野，绵延不绝，一路通往墨西哥。挡在荒野前的只有八条车道。我们身后有一块欢迎司机来到蒂梅丘拉的告示牌，上面写着"老传统，新机遇"。文字的左边是艺术家绘制的市徽，画着一驾马车从两山之间驶过。如果这代表了老传统，那么新机遇又在哪里呢？在市徽上半部分的蓝色半圆里，似乎能再画上一座桥，还有在桥上漫步的美洲狮。

来源：怀俄明大学，霍利·欧内斯特；加州大学戴维斯分校，T.温斯顿·维克斯

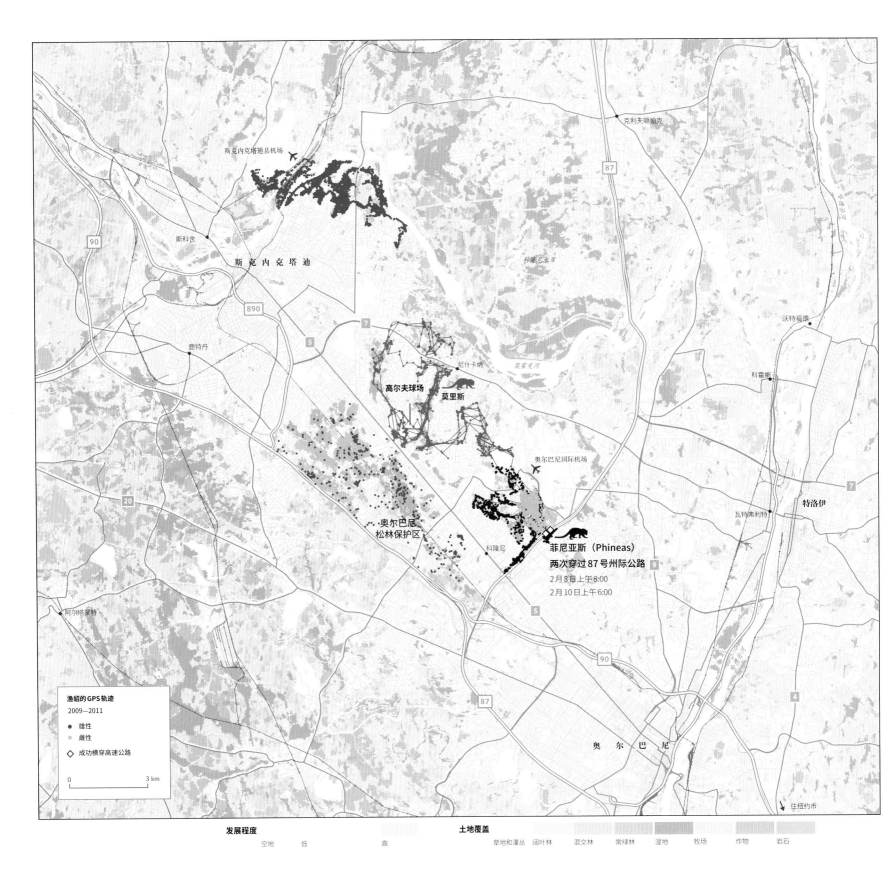

潜行郊区的渔貂

美洲狮不是唯一进驻城市的动物。芝加哥现在住着两千只郊狼；金钱豹在孟买城区徘徊；而在2015年，120年来第一次有狼走进了荷兰村庄。

距离纽约市往北三小时车程的奥尔巴尼城郊，也有一种肉食性动物与人类比邻而居。它们是一种鼬科动物，名叫渔貂。你可能没听说过这种动物，因为有很长一段时间它们已所剩无几。1930年禁令颁布前，猎人设置陷阱把这种长相类似水貂的动物捕杀到濒临灭绝；森林的消失又把它们往灭绝的边缘推了一步。如今，在自然界少有天敌的渔貂，正以每次收回一小片森林的方式，重新占领它们曾经的分布区。

渔貂仍旧难得一见。它们通常晚上出来觅食，而且不去开阔的地方。为了知道它们过得好不好，动物学家罗兰·凯斯（Roland Kays）和斯科特·拉普安（Scott LaPoint）联合使用新旧方法，在几个冬天追踪了一些渔貂。他们用最先进的GPS项圈，在渔貂活动时每两分钟记录一次位置，在它们睡觉时也每小时记录一次。

但为了证实这些动物如何在两点之间移动，他们得穿上雪鞋去寻觅脚印。比如说，GPS数据显示一只他们取名叫菲尼亚斯（Phineas）的渔貂居然横穿了87号州际公路——两次！"我们亲自到那个点去看了，"凯斯说，"结果发现他走的是一条小排水管。"

这种小聪明并不足以保证渔貂在非自然的栖息地生存下来。保护生物学家有时候会在几片森林间营造通道，帮助这些动物移动。不过科学家如何决定通道该造在哪里呢？一般来说，主要靠盯着看，有时也会用计算机算法来模拟出最安全便捷的穿越通道，就像汽车里的导航仪算出导航路径一样。凯斯和拉普安尝试了第三种方法：研究GPS轨迹。结果大为不同，许多模拟出来的路线渔貂都不走。渔貂在小片森林之间移动时，所走的路径中只有6条与模型模拟结果一致。这个事实给我们上了重要的一课：动物们知道怎样做对自己最好。我们要顺应它们的行动规律，而不是反过来妄自揣测。

北 美 洲
美国
奥尔巴尼

左图中展示了来自8只渔貂的追踪数据：5只雄性，3只雌性。雄性需要一些分散活动的空间，而从追踪的几只雌性来看，只要有一平方千米就可以存活。

一只名叫莫里斯（Maurice）的雄性（红色轨迹）在高尔夫球场的球道之间穿梭。两次横穿87号州际公路后，菲尼亚斯（紫色轨迹）从底下穿过高速公路入口的斜坡，到立交桥下觅食。凯斯说："要了解这些细节，亲自到森林里去看看是唯一的方法；GPS数据只是告诉我们具体去哪里看。"

来源：北卡罗来纳自然科学博物馆，罗兰·凯斯；马克斯·普朗克鸟类研究所，斯科特·拉普安；USGS

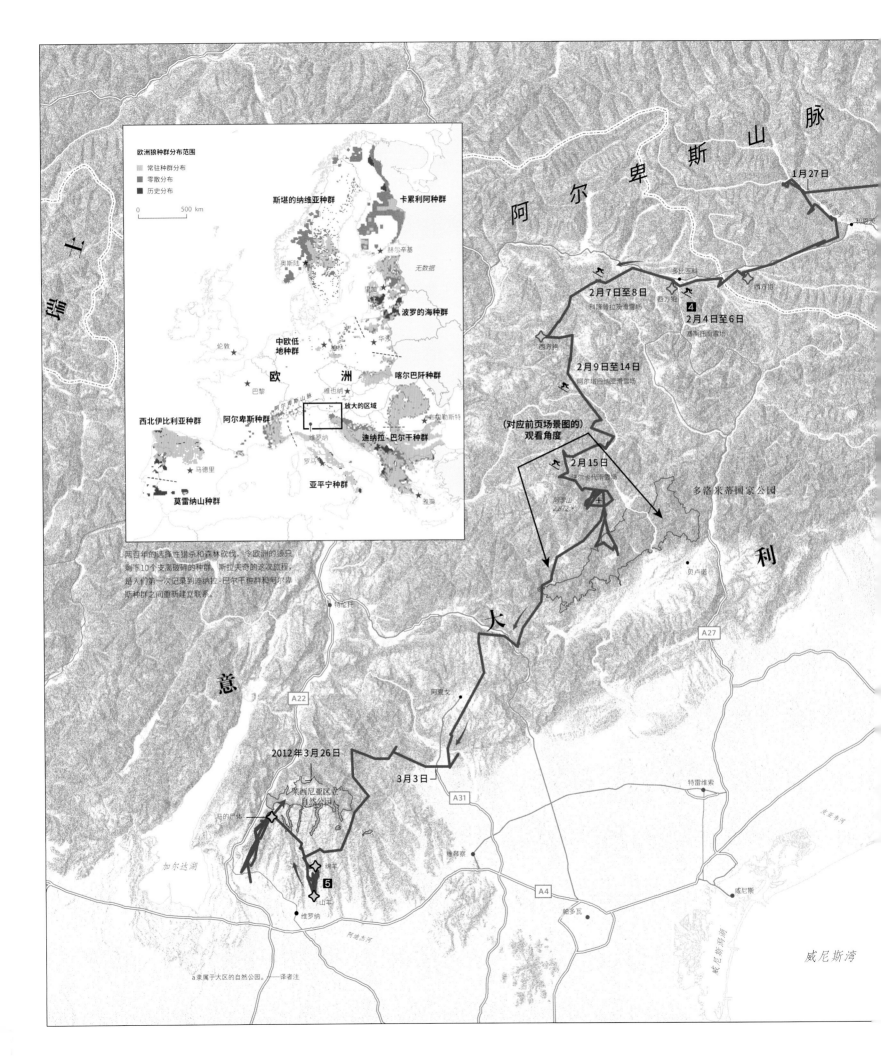

威尼斯湾

阿尔卑斯山脉

瑞士

意大利

1月27日

2月7日至8日
利泽普拉攀岩滑雪杯

2月4日至6日
4

2月9日至14日
阿尔塔巴迪亚滑雪场

2月15日
法尔卡代滑雪场

多洛米蒂国家公园

（对应前页场景图的）
观看角度

贝卢诺

特雷维索

多比亚科

西方狗

西方狗

阿夏戈

3月3日

2012年3月26日

莱西尼亚区立
自然公园

马的尸体

绵羊

山羊

5

维琴寮

帕多瓦

威尼斯

加尔达湖

维罗纳

A27

A31

A4

A22

杨伦那

欧洲狼群种群分布范围

- 常驻种群分布
- 零散分布
- 历史分布

0   500 km

斯堪的纳维亚种群

卡累利阿种群

无数据

奥斯陆

赫尔辛基

里加

波罗的海种群

中欧低地种群

华沙

伦敦

柏林

喀尔巴阡种群

欧   洲

巴黎

维也纳

阿尔卑斯山脉

放大的区域

布加勒斯特

西北伊比利亚种群

阿尔卑斯种群

维罗纳

迪纳拉-巴尔干种群

罗马

马德里

亚平宁种群

雅典

莫雷纳山种群

两百年的选择性猎杀和森林砍伐，令欧洲的狼只
剩下10个支离破碎的种群，斯拉夫奇的这次旅程，
是人们第一次记录到迪纳拉-巴尔干种群和阿尔卑
斯种群之间重新建立联系。

a 隶属于大区的自然公园。——译者注

扩散模式

在10个月到2岁之间，幼狼会离开母亲的狼群，开始独立谋生。斯拉夫奇的扩散之所以格外引人注目，不仅因为他走的路程很长，也因为他的决心特别坚定。他横渡大河，在严冬穿过高高的峡谷，还接受了维罗纳市郊的挑战。然后扩散模式开关啪的一下关上了，旅程突然结束，就像当初突然开始一样。

A 斯拉夫奇进入山口

普拉山口附近的区域有许多马鹿和臆羚，看起来很有希望找到猎物。斯拉夫奇刚来到山口就锁定了一只。

B 在多洛米蒂山迷路

斯拉夫奇看起来在寻找出路。他试图翻越东面的山，失败后，反常地在高海拔区域休息了很长一段时间。

C 为了猎物返回

斯拉夫奇返回去吃之前剩余的猎物，那是他五天来唯一的收获。不过他并没有放弃，第二天晚上就捕获了第二只。

D 斯拉夫奇找到了路

进入山口十天后，斯拉夫奇找到了路，往南边菲耶拉-迪普里米耶罗的方向走去，维罗纳则在南边更远一些的地方。

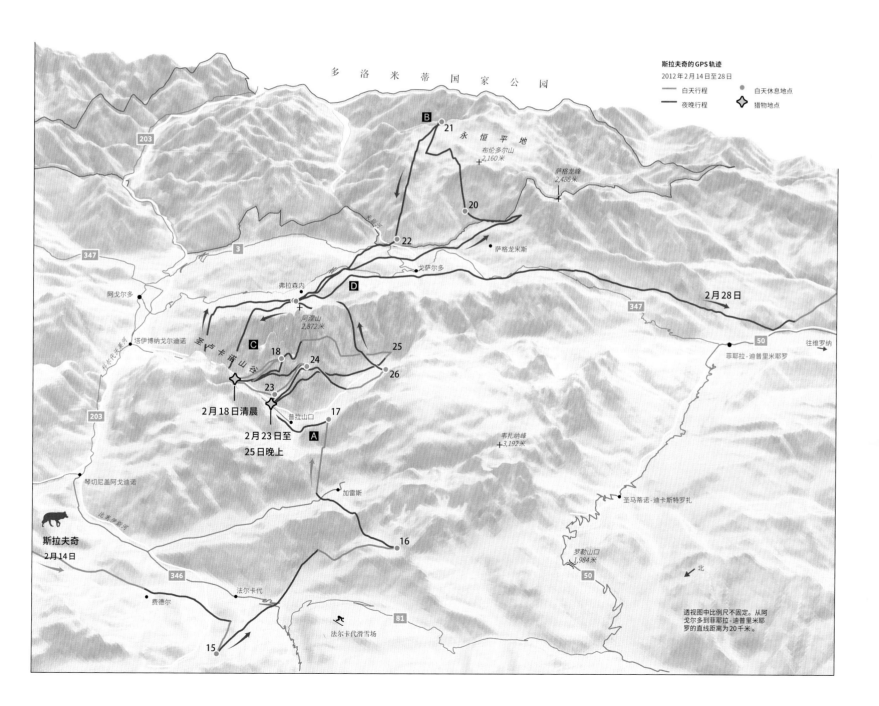

穿越阿尔卑斯山的狼

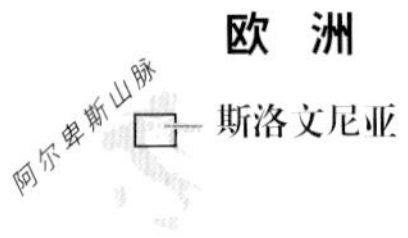

欧洲

阿尔卑斯山脉 斯洛文尼亚

2011年，胡贝特·波托奇尼克（Hubert Potočnik）和他的同事在意大利的里雅斯特附近给一只狼戴上项圈的时候，他们以为会看到一只年幼的公狼标示自己的领地。而在开始的6个月里，他们的确看到了这样的移动轨迹。到了12月19日，事情发生了变化。这只被命名为斯拉夫奇（Slave）的狼突然离开家域，来到了向北25千米外的维帕瓦村。波托奇尼克放大了轨迹图，发现斯拉夫奇最新的GPS位点在一处后院里，瞬间心里一沉。"我打电话给野生动物管理员，"他回忆道，"我说：'斯拉夫奇可能被杀了。'"

幸好只是虚惊一场。事实更加激动人心：斯拉夫奇进入了扩散模式。此后的98天里，波托奇尼克追踪着他的每一次移动——从卢布尔雅那穿过奥地利来到维罗纳。奥地利是允许射杀流浪狗的，一只戴着GPS项圈的狼看起来和流浪狗也差不多。对波托奇尼克来说，这确实是需要担心的事情。"我们怕有猎人对他开枪，所以一直在想怎么才能让人们知道他的存在。"他召集了一群野生动物专家和公园管理员，请他们在斯拉夫奇路过那片林子时照应一下。他们会标注他的移动轨迹、查看他的猎物、请当地媒体引起人们关注，并让猎人不要靠近。

经过4个月长达1,000千米的长途跋涉后，斯拉夫奇不仅连接了狼在两地的种群（见折页小图），也俘获了公众的心，提醒人们还有大型食肉动物游荡在欧洲大地上。

来源：卢布尔雅那大学，胡贝特·波托奇尼克；SRTM; OSM; NE; GADM

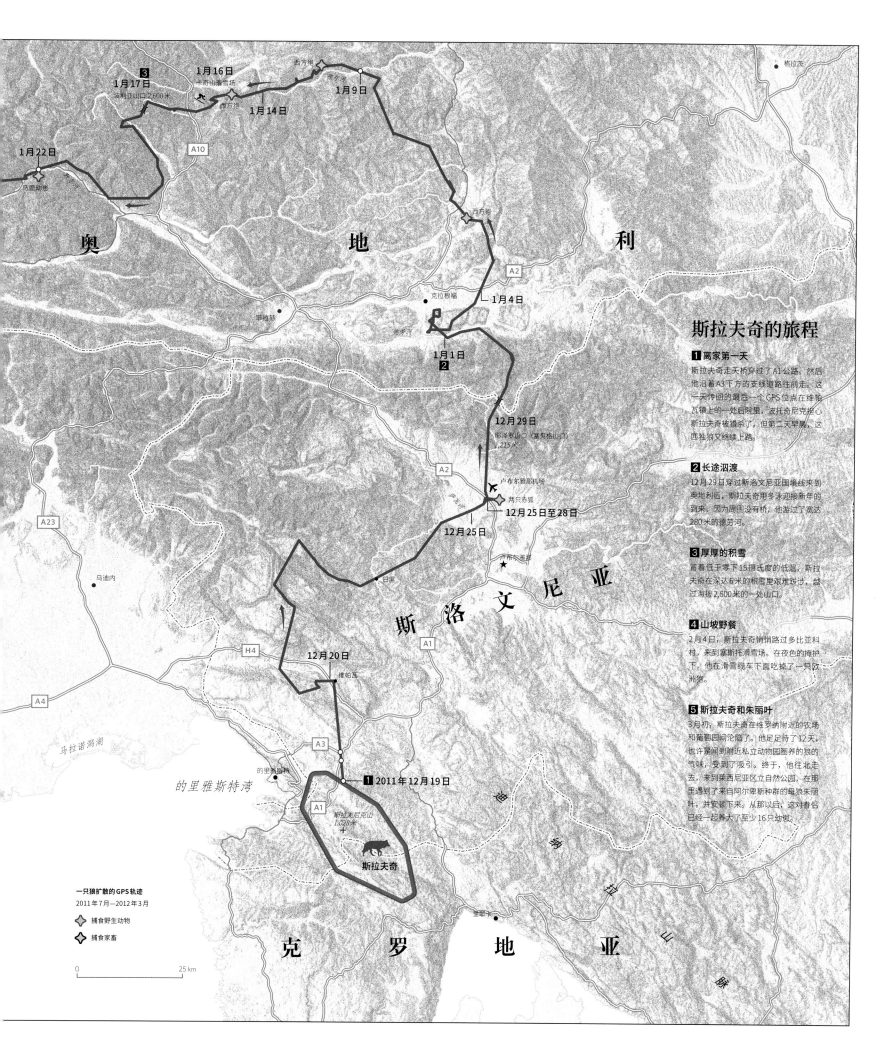

斯拉夫奇的旅程

1 离家第一天

斯拉夫奇走天桥穿过了A1公路。然后他沿着A3下方的支线道路往前走。这一天传回的最后一个GPS位点在维帕瓦镇上的一处后院里，波托奇尼克担心斯拉夫奇被猎杀了，但第二天早晨、这匹独狼又继续上路。

2 长途泅渡

12月29日穿过斯洛文尼亚国境线来到奥地利后，斯拉夫奇用冬泳迎接新年的到来。因为周围没有桥，他游过了宽达280米的德芳河。

3 厚厚的积雪

冒着低于零下15摄氏度的低温，斯拉夫奇在深达6米的积雪里艰难跋涉，越过海拔2,600米的一处山口。

4 山坡野餐

2月4日，斯拉夫奇悄悄路过多比亚科村，来到塞斯托滑雪场。在夜色的掩护下，他在滑雪缆车下面吃掉了一只欧洲狍。

5 斯拉夫奇和朱丽叶

3月初，斯拉夫奇在维罗纳附近的农场和葡萄园间沦陷了。他足足待了12天，也许是闻到附近私立动物园圈养的狼的气味，受到了吸引。终于，他往北走去，来到莱西尼亚区立自然公园，在那里遇到了来自阿尔卑斯种群的母狼朱丽叶，并安顿下来。从那以后，这对爱侣已经一起养大了至少16只幼崽。

一只狼扩散的GPS轨迹
2011年7月—2012年3月

捕食野生动物
捕食家畜

黄石地区的
加拿大马鹿

右图显示了几个鹿群每年夏季的迁徙。尽管关于这些加拿大马鹿到底分为几个不同的鹿群还没有定论，但生态学家阿瑟·米德尔顿认为："它们在某种意义上都属于一个大群。"

　　每年有四百万人来到黄石国家公园。他们来看喷发的间歇泉、冒泡的泥沸泉和硫黄温泉，但很多人对另一个发生在眼前的大自然奇迹视若无睹。

　　每年5月，气温升高使海拔较低的地面变得干燥时，2.5万头加拿大马鹿就要上路了。它们带着新生的幼崽，无畏地穿过湍急的河流和铺满积雪的道路，来到夏雨滋养着繁茂青草的高原。加州大学伯克利分校的生态学家阿瑟·米德尔顿（Arthur Middleton）说："加拿大马鹿的夏季迁徙就像是大黄石生态系统的心跳，为其他物种和当地经济输送血液。"2014年，仅在蒙大拿州，前来狩猎加拿大马鹿的人就消费了1.38亿美元。还有其他人在这片地区投资，在国家公园和国家森林的交界之外，私人土地所有者以惊人的高价出租土地。鹿群曾经觅食的地方，如今已建起了度假小屋。倘若夏天通往草地、冬天走出积雪的道路不再畅通无阻，加拿大马鹿的日子也就不会好过。这样一来，以加拿大马鹿为食的捕食者，还有替代马鹿被捕食的其他动物，也都会跟着遭殃。

　　为了让人们了解这一生态系统的地理范围，米德尔顿需要让他们亲眼看到迁徙场景。说起来容易，做起来难。"你可以把车停在一旁去

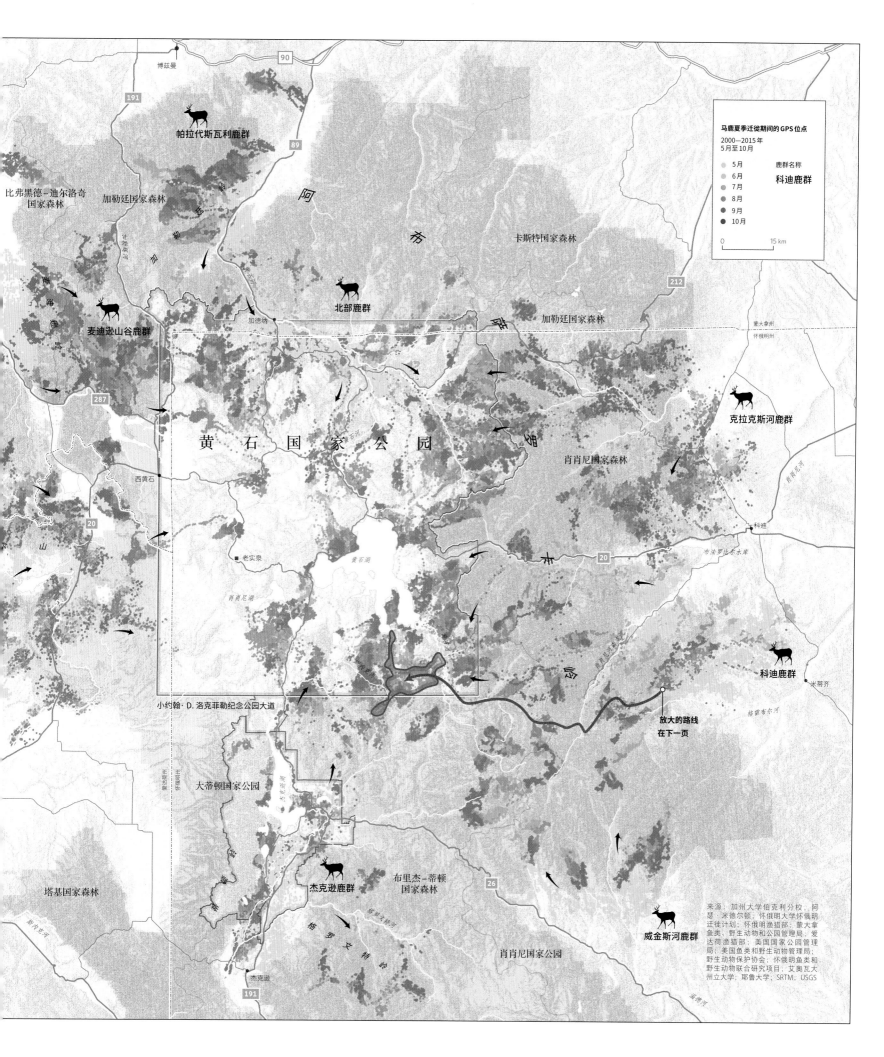

博兹曼

帕拉代斯瓦利鹿群

比弗黑德－迪尔洛奇
国家森林

加勒廷国家森林

阿
勃
萨

卡斯特国家森林

蒙大拿州
怀俄明州

马鹿夏季迁徙期间的 GPS 位点
2000—2015 年
5 月至 10 月

○ 5月   鹿群名称
○ 6月
○ 7月   **科迪鹿群**
● 8月
● 9月
● 10月

0   15 km

麦迪逊山谷鹿群

北部鹿群

加勒廷国家森林

加德纳

克拉克斯河鹿群

黄 石 国 家 公 园

肖肖尼国家森林

西黄石

科迪

老实泉

黄石湖

肖肖尼湖

沙
罗
什

20

市法罗比尔水库

小约翰·D. 洛克菲勒纪念公园大道

科迪鹿群

米蒂齐

放大的路线
在下一页

格雷布尔河

大蒂顿国家公园

塔基国家森林

杰克逊鹿群

布里杰－蒂顿
国家森林

26

威金斯河鹿群

肖肖尼国家公园

杰克逊

191

来源：加州大学伯克利分校；阿
瑟·米德尔顿；怀俄明大学怀俄明
迁徙计划；蒙大拿鱼类、
野生动物和公园管理局；爱
达荷渔猎部；美国国家公园管理
局；美国鱼类和野生动物管理局；
野生动物保护协会；怀俄明鱼类和
野生动物联合研究项目；艾奥瓦大
州立大学；耶鲁大学；SRTM；USGS

参观老实泉，"他说，"但这些野生动物的壮观场景没那么容易看到。"大数据制图创造了可能。

过去20年间，已有28家机构分别在黄石地区用GPS项圈追踪加拿大马鹿。米德尔顿2007年来到怀俄明州做他自己的追踪实验，研究加拿大马鹿与狼之间的互动，他发现各家机构很少分享数据，而有些鹿群从未被追踪过。他决定召集大家一起描绘生态系统尺度上的迁徙图景。本书这几页上的地图就是他们合作的成果。

我们首次看到，全世界第一个国家公园的命脉也依赖于界线之外土地的保护。一旦你看到这一点——一旦你看到加拿大马鹿每年两次踏过2,300万公顷土地上的州界、私有界线、部族边界和联邦政府划定的边界，而它们所走的道路早在所有边界出现之前就已存在——就难免不会质疑我们为什么要把荒野划分成这么多碎片，每一片的管理议程和规定还都各不相同。加拿大马鹿利用土地时，会把它看作一个庞大的、相连的系统。也许我们也可以学着采取同样的视角。

道路艰险

2000 年研究人员刚开始追踪加拿大马鹿时，GPS 项圈每天记录一次位置。这样的精度对生态系统尺度的研究来说已经足够。如今他们的项圈每隔 30 秒就采样一次，如此高的精度足以追踪一只马鹿个体的活动。在加拿大马鹿前往黄石地区的所有迁徙路线中，科迪鹿群的这只可能选择了最艰险的一条。

A 冬季活动范围

5 月 1 日，一只成年雌性加拿大马鹿（#35342）从怀俄明州科迪以南的高原出发，开始了 80 千米的长途跋涉，从卡特山以东的冬季觅食地前往位于黄石国家公园内的夏季活动范围。

B 肖肖尼国家森林

爬升到 3,000 米高度后，#35342 号马鹿从 5 月 4 日起停留了两周。她在博尔德山脊的再次停留很可能是为了生小马鹿，并等新生的幼崽站起来。小马鹿出生的高峰期在 6 月 1 日左右。

C 尼德尔山

6 月 6 日，母亲和幼崽经过长达 18 个小时的艰难跋涉，向下走了 1,500 米，渡过肖肖尼河南支流，又攀登到福尔克里克山口。幼崽通常在出生后的第一周就从母亲那里学到这些迁徙路线。

D 夏季活动范围

一通过山口，#35342 号马鹿就沿着特罗费里溪（Thorofare Creek）走了两天，6 月 8 日晚上 10 点进入黄石国家公园。她在这里一直待到 10 月，直到大雪催促鹿群原路返回。

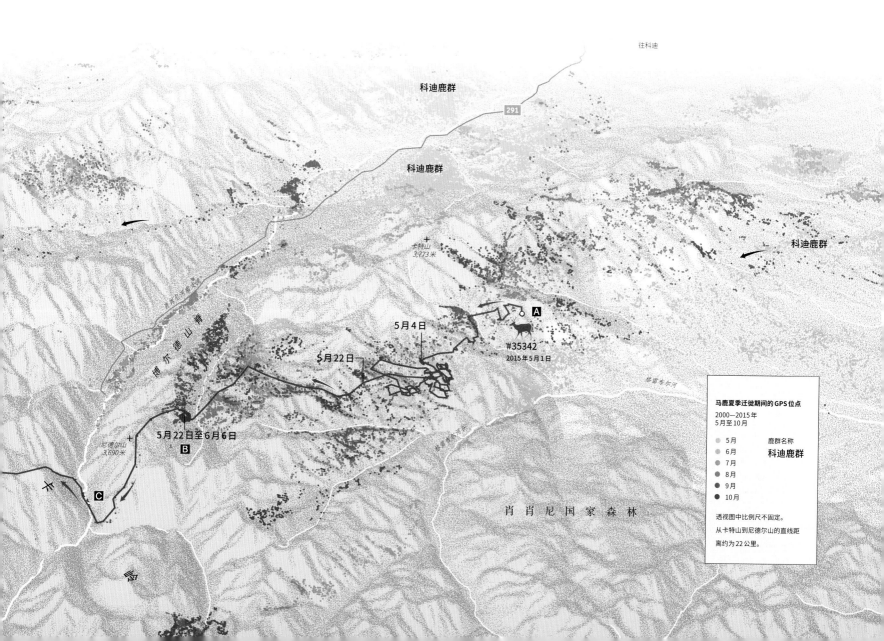

行走在喜马拉雅山上的雉鸡

去网上搜索一下"角雉求偶"的视频你就会明白，为什么这些长角野鸡的英文名"tragopan"部分来自希腊神话中好色的牧神潘神（Pan）。雄性角雉在性兴奋时会鼓起羽翼，开始剧烈抖动，一边点头，一边从头顶伸出一对蓝色的肉质角，并发出刺耳的噼啪声。宽大的蓝色肉裙从红色的脖子上展开，就像庆典上的彩旗。他虚张声势的举动越来越疯狂，直到最后终于直立起来，鼓起胸膛。这时，他低下身子，缩回肉角，收起肉裙，重新开始在地上啄食，仿佛什么都没发生过。

"鸟在求偶炫耀达到高潮时展现出的非凡一面，恐怕用任何言语都不足以形容。"养过角雉的巴恩比·史密斯（C. Barnby Smith）在1912年4月版的《养禽杂志》（ The Avicultural Magazine ）中写道，"乍一见到这种奇观，任何人都很难相信自己看到的是一只鸟，那行为简直像是着了魔。"而一个世纪以后，不丹的GPS追踪研究又揭示了这类鸟身上另一种令人费解的行为。

每年春天，红胸角雉都在喜马拉雅山脉上高高的山谷里表演求偶舞蹈。到了9月，这种不擅飞行的鸟很多都开始走到低海拔地区过冬，就像黄石的加拿大马鹿一样（见前页）。

然而3年间分析了30只红胸角雉的GPS数据后，研究人员发现它们的迁徙并不那么简单。参与这项研究的马丁·维克尔斯基表示："有的往上走，有的往下走。"而有的根本就不迁徙。甚至其中有一只第一年迁徙，第二年又不走了。

生活在高海拔地区的物种面临的一大生存担忧就是步步紧逼的气候变化。气温升高会迫使动物向山上迁移，直到无山可爬。而维克尔斯基从红胸角雉的迁徙数据中看到了希望。"人人都说，一旦发生了这种变化，物种就要出局。但说这种话的人应该在个体水平上研究一下动物。"如果红胸角雉不论往上或往下走，都能在喜马拉雅山的冬天里存活下来，那显然它们比我们想的还奇怪。

来源：马克斯·普朗克鸟类研究所，马丁·维科尔斯基；乌颜·旺楚达环境保护研究所；SRTM；OSM；WDPA

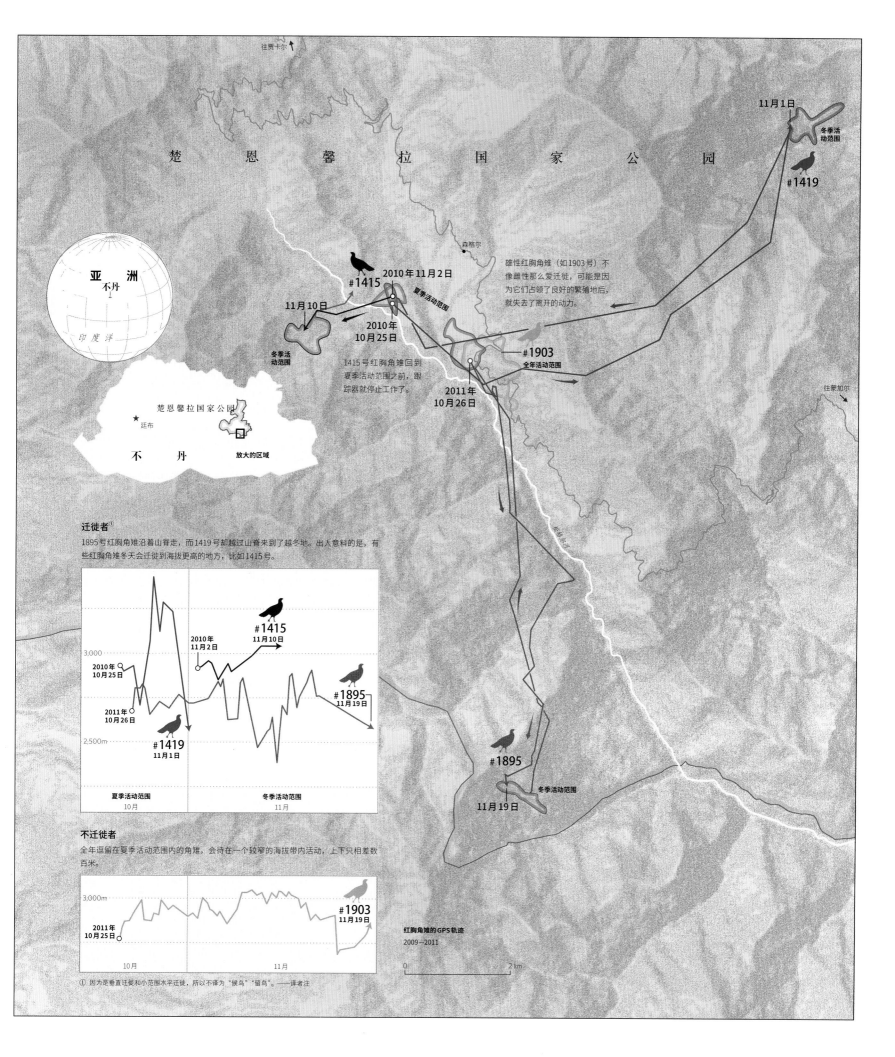

往贾卡尔↑

楚 恩 馨 拉 国 家 公 园

森格尔

11月1日

冬季活
动范围

#1419

雄性红胸角雉（如1903号）不
像雌性那么爱迁徙，可能是因
为它们占领了良好的繁殖地后，
就失去了离开的动力。

亚 洲

不丹

印度洋

#1415 2010年11月2日

11月10日

夏季活动范围

2010年
10月25日

冬季活
动范围

#1903
全年活动范围

1415号红胸角雉回到
夏季活动范围之前，跟
踪器就停止工作了。

2011年
10月26日

往蒙加尔→

楚恩馨拉国家公园

★
廷布

不 丹

放大的区域

迁徙者①

1895号红胸角雉沿着山脊走，而1419号却越过山脊来到了越冬地。出人意料的是，有
些红胸角雉冬天会迁徙到海拔更高的地方，比如1415号。

#1415
11月10日

2010年
11月2日

3,000

2010年
10月25日

#1895
11月19日

2011年
10月26日

#1419
11月1日

2,500m

夏季活动范围
10月

冬季活动范围
11月

#1895

冬季活动范围

11月19日

不迁徙者

全年逗留在夏季活动范围内的角雉，会待在一个较窄的海拔带内活动，上下只相差数
百米。

3,000m

#1903
11月19日

2011年
10月25日

10月

11月

红胸角雉的GPS轨迹

2009—2011

0 ————— 2 km

① 因为是垂直迁徙和小范围水平迁徙，所以不译为"候鸟""留鸟"。——译者注

大沼泽地的蟒蛇

北 美 洲

美 国

迈阿密

缅甸蟒原产于亚洲南部。当这些巨蟒开始出现在佛罗里达南部，本地的短尾猫、浣熊和其他哺乳动物就开始消失，居民们和生态学家会因此恐慌也就理所当然了。

2016年1月，1,000人来到大沼泽地参加第四届年度蟒蛇挑战赛。为了获得最高5,000美元的现金奖励，他们试图在一个月内捕获尽可能多的蟒蛇。根据佛罗里达哪些地方曾出现过蟒蛇的记录，再结合已知其他蛇的遇见概率，专家估计州内目前至少生活着数万条蟒蛇。最后蟒蛇挑战赛的参赛者们抓到了106条。

戴维森学院的博士后香农·皮特曼（Shannon Pittman）则另辟蹊径。作为一名研究入侵物种的专家，她很好奇蟒蛇想要爬多远。2016年8月，她往12条蛇身上植入了无线电跟踪器。她原地释放了其中6条（地图上用蓝色表示），把其余的分别带到超过20千米远的两个地方释放（橙色和紫色）。接下来的3到10个月里，6条被易地释放的蛇全数溜回原地，且大多回到了被捕地点方圆5千米内；它们迅速直奔目标，而相比之下，原地释放对照组就没有那种非去什么地方不可的急迫感。

我们当中有多少人能够如此精确地在陌生土地上找到方向呢？更何况是在错综复杂的佛罗里达沼泽地。也许我们不该轻易低估爬行动物的大脑。蟒蛇显然拥有某种内置的地图和指南针。地图感帮助它们定位自己相对于目的地的位置；指南针感让它们保持前进方向，直至到达目的地。鸽子和海龟都有这样的感官。那么，究竟是什么为它们指路？这是动物迁徙领域的一大谜题。也许是气味、星辰、极光、磁场，或者这些因素的某种组合。不论采用什么方法，不会迷路的能力都使动物得以冒险在新地方定居，至于本地物种会怎么想，它们就不管了。

马克萨斯群岛

基韦斯特

佛　罗　里　达　州

大赛普里斯
印第安人居留地

大沼泽地国家公园

第一个数据
点之前经过
的地方

释放地点

释放地点

比斯坎国家公园

比斯坎湾

迈阿密国际机场

迈阿密滩

迈阿密

塔迈阿密

科勒尔盖布尔斯

霍姆斯特德

缅甸蟒的无线电追踪轨迹
2006年8月至2007年9月

易地释放的蛇

◇ 捕获
○ 释放
◐ 再次捕获

对照组的蛇

✦ 捕获后原地释放

0 ——————— 15 km

来源：戴维森大学，香农·皮特曼；
GLCF；GSHHG；USGS

佛　罗　里　达　湾

佛　罗　里　达　群　岛

马拉松

基拉戈

换工作的蚂蚁

　　怎么追踪蚂蚁呢？追踪一只都很困难，更别说一整群了。虽然有微型跟踪器，但其精确度不足以显示蚂蚁之间的互动，而达妮埃尔·默施（Danielle Mersch）要观察的偏偏就是这个。于是，她和她在洛桑大学的团队没有用跟踪器，而是设计了一种类似昆虫真人秀的方法来进行观察。她用胶水把微型条形码粘在弓背蚁的背上，把它们放进不过这页纸大小的恒温箱里，以每秒两帧的频率连续拍摄40天，最后用软件重构条形码的运动。

　　从超过20亿个数据点中，默施发现了蚂蚁在人工蚁巢中的三种行为模式。她把有些待在蚁后和幼虫附近的叫作"护士"（黄色）。还有些被称为"清洁工"（红色），它们在巢内四处游荡，经常造访垃圾堆。最后是"觅食者"（蓝色），会离开巢去寻找食物。

　　这些"工作组"并非一成不变。默施看着一些个体在短暂的一生中在蚂蚁社会中步步高升。年轻的蚂蚁先是做护士，然后成为清洁工，最后老了成为觅食者。蚂蚁们没有中央指挥，而是根据年龄和空间的划分来指派任务。

　　我们在人类社会可能有更多就业选择，但对许多人来说，第一份工作同样可能是帮家里看小孩或做家务，然后才离家出去工作，最终肩负起养家糊口的重任。

　　受蚂蚁启发而开发出来的软件已经在有些公司投入使用，用于削减产品运输费用。蚂蚁需要尽可能高效地找到食物；送货司机则需要尽可能高效地把货送到。这是一个经典的旅行推销员问题（Traveling Salesman Problem）[1]。蚁群并没有试图用集中规划来解决问题，只

---

① 一个经典的数学建模问题：已知每两个城市间的距离（旅行成本），一位推销员从某城市出发，经过所有给定城市之后再回到原点，如何设计使路线最短（成本最低）？后文所述的算法也有固定名称：蚁群算法。——译者注

来源：洛桑大学，达尼埃尔·默施

是派出了成千上万的"推销员"。越是便捷的路径，走过的蚂蚁就越多，后来者就越有可能选择这条路，[①]最终成为公认的捷径。如今，计算机模型能够模仿这种搜索行为，从而优化送货路线。随着自动驾驶车辆投入使用，不难想象有朝一日，这些车能像蚂蚁一样管理自己。

---

① 在蚁群算法原理中，走的蚂蚁越多，路径上留下的信息素就越多。——译者注

为了研究蚂蚁之间如何传递信息，默施在每个蚁群中选出27只作为"信息携带者"。每当两只蚂蚁之间的距离近到可以互碰触角时，她就假设它们之间传递了一条虚拟的"信息"。

消息传得很快。一小时之内，蚁群中89%的蚂蚁就得到了消息。由于护士和觅食者是抱团工作的，它们可以很快把信息传遍组内。而工作地点比较分散的清洁工，得知消息就要晚一些。

一个弓背蚁群的空间分布
40天

每个像素的颜色表示占用该区域时间最长的工作组别

▫ 护士
◼ 清洁工
◼ 觅食者

0 ⊢―――⊣ 20 mm

清 洁 工

垃圾堆

人工蚁巢的边缘

护 士

幼虫

觅 食 者

蚁巢入口

第二部

想想大海的阴险吧, 那些最可怕的生物是怎样在水下悄无声息地滑行, 绝大部分藏而不露, 奸诈地隐身在最可爱的蔚蓝海水中。

——赫尔曼·梅尔维尔(Herman Melville)[1]

① 译文引自《白鲸》第五十八章, 中央编译出版社, 2010年, 罗山川译。——译者注

在脸书上观鲸

十几岁的时候，我曾有幸跟着学校去过冰岛。旅程中最精彩的部分，就是坐短途飞机来到与冰岛南岸隔海相望的韦斯特曼纳群岛。我去到群岛中最大的赫马岛，登上了埃尔德菲尔火山——上面的石头还留有1973年喷发带来的余温——站在山顶，被眼前的景色深深折服：北面是本岛上的冰原，南面是一连串岸壁陡峭的岛屿。在壮观景色的鼓舞下，我后来上大学时选择了地理专业。我一直希望有一天能回到那里。

13年后，我终于回来了，眼前胜景依旧。但这一次我关注的既不是冰原，也不是岛屿，而是它们之间的那片海。我是来跟着雷克雅未克海洋研究所的菲利帕·萨马拉（Filipa Samarra）和她的同事一起搜寻虎鲸的，它们夏天在这里捕食繁殖期的鲱鱼。我还是通过团队的脸书页面"冰岛虎鲸"（Icelandic Orcas）知道了萨马拉的研究，他们在网上与数千人分享野外工作和照片。

我到达的第一天早晨就收到一条来自萨马拉的消息：她的观察员在岛西南端的斯托尔角沿岸发现了鲸。我们约好上午9:30在码头集合。片刻之后，我们就离开码头，驶向了海浪之中。"马尔文"号（Marvin）的船长是鲸声学专家弗尔克尔·德克（Volker Deecke，来自坎布里亚大学）。"你不晕船吧？"他问道，同时在船舷外放下水听器。我努力站稳，抢在他若有所思地替我回答"唔，总有晕的时候"之前答道："不晕。"那天，北大西洋还算平静。德克关了发动机，水听器中开始传来虎鲸的咔嗒声和哨音。德克有数年倾听鲸语的经验，知道它们在说什么："它们在觅食，"他说，"往西北方向去了！"一场骚动很快就要到来。我们的目光和相机镜头循着扎入水中的海鸟，转向了在波涛中起伏的一群黑鳍。

冰　岛

★ 雷克雅未克

◻ 放大的区域

• 韦斯特曼纳埃亚尔

赫马岛　+ 埃尔德菲尔火山

— 斯托尔角

韦斯特曼纳群岛　　大西洋

0　1 km

我们设法把船开到它们身边，开始拍照。阿斯特丽·M.范欣内肯（Astrid M. van Ginneken）来自虎鲸调查项目（Orca Survey），负责将我们看到的每只虎鲸分类归档。她是摄影老手，一看就知道不一样。不像我只是漫无目标地一通连拍，她每次按动快门都经过深思熟虑。她在胶片时代受过训练，那时每拍一张照片都要花费钱和时间，她说："在海上拍的照片越多，回到岸上要干的活就越多。"想拍到一张能用的照片比听起来要难。虎鲸移动迅速，频繁潜入水中，还不时改变方向，因此很难跟上。整个早上，我只看到一堆模糊不清的黑鳍、白浪和蓝色海水，对1970年以前的研究者来说，虎鲸看起来也差不多就是这样。

也许现在听起来难以置信，但最早的鲸追踪设备基本上就是带倒钩的巨大图钉，每个上面刻着唯一的识别号码和邮寄地址。

当时，人们在鲸游过船侧或观察站时直接计数。由于并不按照个体计数，种群数量并不明确。直到20世纪70年代，加拿大渔业与海洋部的迈克尔·比格（Michael Bigg）和同事才开始关注北美太平洋沿岸的种群数量。他们发现，可以通过虎鲸背鳍和鞍斑[①]的细节来区分不同个体。比如，IS086号虎鲸背鳍缺了一大块，而IS045号的鞍斑末端变细，形成了一长条飞机尾迹般的印记（见第89页）。

鲸个体的照片可以和其他目击记录比对，绘制出

① 虎鲸背部的灰白色斑纹，可根据其颜色和形状识别虎鲸个体。——译者注

一只鲸一段时间内的移动轨迹和社交活动。这样的研究有两大发现：1）并不是所有虎鲸都会迁徙，2）并不是所有虎鲸都捕食同样的猎物。比如说，在北太平洋，有"常住居民"常年留守英属哥伦比亚沿岸，以鱼为食，也有"流动鲸口"在加利福尼亚和阿拉斯加之间徘徊，觅食鲸和海豹。两群虎鲸之间并无互动，且遗传上存在明显区别；甚至有人建议把两者分成不同物种。在冰岛，萨马拉的团队正在用照片识别的方法研究北大西洋的虎鲸，看群体中个体的迁徙习性和食性差异有多大。

一个世纪前，对着要研究的鲸，研究者举起的不是相机，而是鱼叉。也许现在听起来难以置信，但最早的鲸追踪设备基本上就是带倒钩的巨大图钉，每个上面刻着唯一的识别号码和邮寄地址。捕鲸人会把这些标记寄回给研究者，并告知捕杀鲸的大致时间地点，以换取现金回报。有些寄回的标记能反映鲸的长途迁徙，但当时捕鲸活动十分盛行，以至于很多鲸都是刚被标记几天就遭到捕杀。而且和可以在不同地方多次识别记录的鸟类环志不同，鱼叉标记仅能提供两个数据点：一个是击中活鲸的时间，另一个就是从死鲸里拔出来的时间。

从捕鲸人的日志中提取到的数据量会大一些，不过还是一样要杀死鲸。1931年，纽约水族馆馆长查尔斯·汤森（Charles Townsend）在浏览了一批马萨诸塞州新贝德福德公共图书馆书架上的捕鲸日志后总结道：通过在地图上描绘的"捕获大量鲸的地点，可以得知很多鲸分布的信息，对它们的迁徙也可以有所

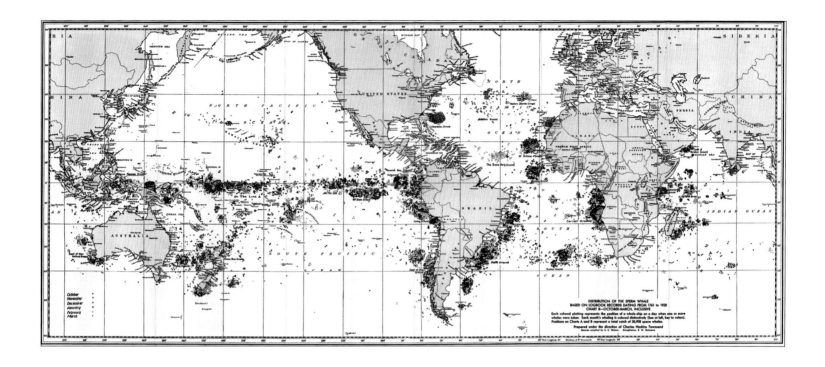

October
November
December·
January
February
March·

DISTRIBUTION OF THE SPERM WHALE
BASED ON LOGBOOK RECORDS DATING FROM 1761 to 1920
CHART B—OCTOBER-MARCH, INCLUSIVE
Each colored plotting represents the position of a whale-ship on a day when one or more
whales were taken. Each month's whaling is colored distinctively (See at left, key to colors).
Positions on Charts A and B represent a total catch of 36,908 sperm whales.
Prepared under the direction of Charles Haskins Townsend
Records compiled by A. C. Watson

了解"。

接下去的几年里，汤森开始尽力搜罗捕鲸日志。他沿着新英格兰海岸一路造访《白鲸》中提到的捕鲸市镇——楠塔基特、塞勒姆、斯托宁顿，从图书馆、历史学会，甚至私人收藏处得到了数十本日志。汤森总共查阅了1761到1920年间744艘船超过1,600次航行的记录。他请纽约的制图员R.W.里士满（R.W. Richmond）用圆圈标出全部53,877个捕鲸地点。不同月份的捕鲸位点用不同颜色的圆圈表示，绘成了4张地图：抹香鲸2张（36,908个位点），露脊鲸1张（8,415个位点），座头鲸（2,883个位点）和弓头鲸（5,114个位点）合为1张。在以下两页中，我们把它们全部画在了同一张地图上。

我们把汤森的4种鲸的数据放在一张图上，展示美国捕鲸人当年曾在哪些地方捕获这几种鲸。在许多方面，捕鲸地点的分布与其说反映了鲸的习性，不如说反映的是捕鲸人的偏好。为了帮助你了解过去的事情，我们也在图中画出了赫尔曼·麦尔维尔的小说《白鲸》中虚构的"裴廓德"号（Pequod）航线。

这几张图最早阐明了鲸的动向和分布范围，感谢加拿大野生动物保护学会（Wildlife Conservation Society of Canada）将其数字化，使研究者得以继续用它们来比较当时和现在动物的去向。

到了20世纪50年代，人们更多地尝试从活鲸身上

这是查尔斯·汤森1935年报告中的四张原版地图之一，题为"抹香鲸的分布"，根据北美洲捕鲸日志的记载，描绘了10月到次年3月间36,908次捕获记录。（本地图已显示当前边界。）

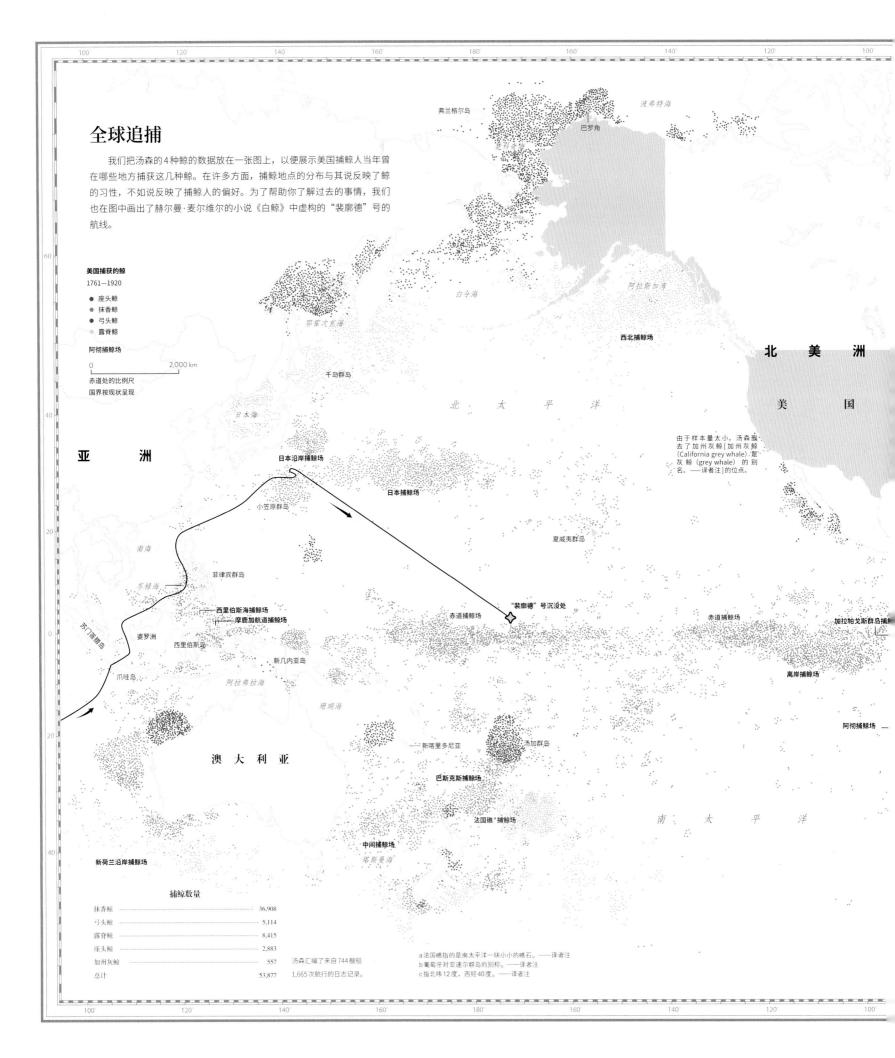

获取数据，尽管我们接下来会看到，这些尝试仍与现代的伦理标准相距甚远。当时流传最广的也许就是保罗·达德利·怀特（Paul Dudley White）去测鲸心跳的那次远征。怀特是艾森豪威尔总统的心脏病医生，在本职工作之余，他对哺乳动物心率随体形的变化也很感兴趣。人类的静息心率是每分钟 60 到 100 次，不过在运动员中也曾记录到 40 次或更低的心率。怀特知道体形越大的哺乳动物心跳也越慢，但他很好奇最慢可以到什么程度。

1953 年，怀特所在的团队记录到白令海的白鲸心率是每分钟 12 到 20 次。他们用的方法可不光彩。为了把动物固定在船边，他们把鱼叉头刺进白鲸体侧，它在整个过程中一直在"交替着潜水和喷水，疯狂地努力逃脱"。怀特不顾鲸的痛苦，得出"有可能在自然环境中获得鲸心电图"的结论，并在三年后又带领一支探险队来到下加利福尼亚沿岸寻找灰鲸。他们计划"把两个电极放到成年鲸坚韧的灰色皮肤下面，穿过脂肪层，但不至于造成重伤"。电极上拖着两根电线，连到载有心电图仪的快艇上。不过，事情没有按计划进行。

发表在《国家地理》上的旅行记录显示，怀特生动地描述了他们最后一次试图连接电极时的场景："两根鱼叉枪同时发射。线飞快地从枪口卷轴上松脱。直立着的鲸剧烈抖动了一下便倒向一侧，激起一阵白色的水花。"被击中的鲸马上挣脱了，令怀特不得不承认"我们用来捕捉心跳的武器并不能胜任其职"。

随着时间的流逝，人们渐渐不再采取 50 年代的强硬路线，取而代之的是六七十年代对自然世界更有同情心的视角。也许对这一转变最强的催化剂——至少对鲸来说，就是海洋保护组织海洋联盟（Ocean Alliance）[1] 的创始人罗杰·佩恩（Roger Payne）。1967 年，他开始和普林斯顿大学的斯科特·麦克维（Scott McVay）一起分析座头鲸的声音。两人都不是经验丰富的鲸类学家。佩恩之前研究的是蝙蝠和猫头鹰如何利用声音进行回声定位，而麦克维是行政工作人员。作为某种程度上的"外行人"，他们从全新的角度发现了一直被忽略的事情：鲸在唱歌。它们在水下发出的声音并不是随机的，而是复杂且带有节奏的长序列。1971 年，他们把自己的发现写成了一篇著名的论文，发表在《科学》杂志上，题目是《座头鲸之歌》（Songs of Humpback Whales）。

正如佩恩在《在鲸之间》（Among Whales）一书中所言，20 世纪 20 年代的人们之所以没能采用照片识别等低侵入性的研究方法，并不存在什么技术上的原因："我怀疑没人用照片识别仅仅是受限于当时的思维方式：靠谱研究的主要内容总是包括检验动物的尸体——科学家不假思索地就会采用这种方法。似乎从来没有人认真想过，如果采用无害的手段，从每只动物身上得到的数据会多得多。"

到了 1979 年，《国家地理》不再报道保罗·达德利·怀特使用鱼叉的英勇事迹，转而成为佩恩最大的支持者之一，报道他对保护鲸所进行的不懈探索。杂志社委托制作了录音史上一次性发行量最大的唱片：1,050 万张录有鲸歌声的唱片，让读者一边欣赏，一边阅读

---

[1] 一个美国海洋保护组织，不是中国远洋海运成立的海洋联盟，因此中译为了区别而强调了组织性质。——译者注

配套的文章《座头鲸：神秘的歌声》。

为了厘清鲸类学自那时以来取得了多大进展，我拜访了苏格兰圣安德鲁斯大学海洋哺乳动物研究组（Sea Mammal Research Unit，SMRU）的马克·约翰逊和勒内·斯威夫特。约翰逊的办公室俯瞰北海，像个发明家的作坊，到处都是做到各种程度的电子产品。楼下，斯威夫特坐在书桌旁，桌边环绕着各式机械和一箱箱盐水。他们共同开发了一些最先进的海洋追踪设备，供全世界研究者使用。约翰逊把最先进的技术塞进设备，接着由斯威夫特各种蹂躏，以确保它们经受得住在海上漂泊时的风吹浪打、极端温度和压力变化。

约翰逊给我展示了一种鼠标大小的传感器，名叫数码录音信标（digital sound recording tags，DTAGs），可以通过吸盘吸附在鲸的体表，几天后会脱落并浮到水面以便回收。每个信标都搭载磁力计和加速度传感器，用来记录鲸的每一次俯仰和侧倾。DTAGs与其他海洋信标的不同之处在于，它还能记录用声呐定位的齿鲸所发出的咔嗒声、嗡鸣声和哨音。在回声定位过程中，这些声音被附近的物体和表面反射回来，鲸的大脑会把听到的回声翻译过来，从而像雷达一样感知周围环境和可能的猎物。DTAGs能在几小时内收集64GB的数据。由于我们的人脑并不具备鲸脑那样的音频处理能力，如何把巨大的声音文件转换成我们能理解的格式成了约翰逊面临的一大难题。几年前，他对一种名为回声图[1]（echogram）的图像稍做改造，用来表现鲸如何

---

① 常指医学上用的超声诊断图。——译者注

通过声音来"看"东西。

"一开始我们用鱼叉往鲸身上装东西，是因为想知道'资源'的去向。而如今，我们放跟踪器是为了保护。"

看了几百幅回声图后，约翰逊成了解读被捕食者逃避策略的专家。"想象有个人故意开车撞你。你该怎么办？怎么才能耗费最少的能量让自己活下来？你要等到最后一刻，再迅速往一旁冲去。"对鱼来说，最后一刻往一旁游去很管用，因为鲸定位用的声束比较窄。一旦鱼离开声束，在鲸看来可能也就等同于消失了（见左图D）。

这是一张回声图，展示了一只用回声定位的布氏中喙鲸接收到的回声强度。较宽的列代表较稀疏的咔嗒声，窄列代表"嗡鸣声"，或者说一段快速的咔嗒声。离鲸最远的物体出现在图像最上部；从左到右代表时间的流逝。色深而清晰的地方代表静止障碍物较强的回声，较模糊的地方代表运动物体的回声，比如逃亡中的鱼。图示的鲸就正在追捕一条鱼。

从新设备和技术的发展上就能看出我们对这种动物的认知发生了什么变化。斯威夫特说道："一开始，我们用鱼叉往鲸身上装东西，是因为想知道'资源'的去向。而如今，我们放跟踪器是为了保护。"例如，DTAGs也能帮研究者评估海洋噪声对鲸行为的影响。人类活动产生的噪声也许不像原油泄漏那样引人注目，但对以声音感知世界的动物来说同样危害不小，甚至危及生命。2014年，帕特里克·米勒（来自SMRU）带领

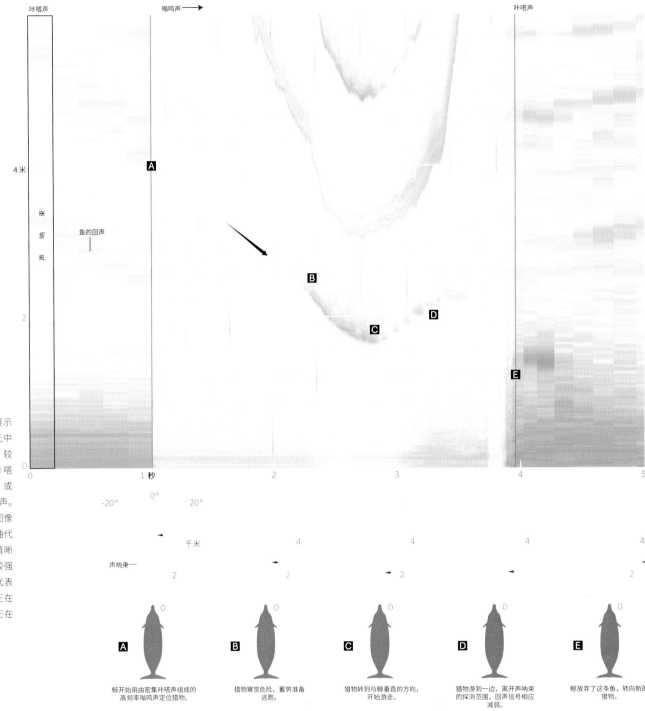

回声强度
强

弱

深海捕猎

这是一张回声图，展示了一只用回声定位的布氏中喙鲸接收到的回声强度。较宽的列代表较稀疏的咔嗒声，窄列代表"嗡鸣声"或者说一段较快速的咔嗒声。离鲸最远的物体出现在图像最上部；从左到右的横轴代表时间的流逝。色深而清晰的地方代表静止障碍物较强的回声，较模糊的地方代表运动物体的回声，比如正在逃生的鱼。图示的鲸就正在追捕一条鱼。

咔嗒声

嗡鸣声 ➞

鱼的回声

4米

密集嗡鸣组

2

0

1 秒　　　2　　　3　　　4　　　5

咔嗒声

A　　B　　C　　D　　E

-20°　　0°　　20°

千米

声呐束 —

A 鲸开始用由密集咔嗒声组成的高频率嗡鸣声定位猎物。

B 猎物察觉危险，蓄势准备逃跑。

C 猎物转到与鲸垂直的方向，开始游走。

D 猎物游到一边，离开声呐束的探测范围，回声信号相应减弱。

E 鲸放弃了这条鱼，转向新的猎物。

一支国际团队观测暴露在噪声中的喙鲸受到的影响，这一类群受声呐影响而搁浅的现象最为明显。他们选了大西洋扬马延岛附近的一群喙鲸，给其中一只戴上DTAG，然后往海里播放35分钟的噪声。当水下音量达到98分贝时——大约相当于一艘潜艇经过的声音——鲸开始转弯游向他们的船。当他们把音量提高到130分贝时，鲸改变了主意，几乎来了个180度大转弯，向深处潜去，潜水时长和深度都创下了该物种的最高纪录：长达92分钟，深达2,339米。

直到7小时后信标脱落，鲸一直都表现异常。受到噪声干扰后的那段时间里一次都没有发出过咔嗒声或嗡鸣声，而之前他一直不断发出这些声音。此后几天，研究人员在这片区域看到的鲸也变少了，表明噪声也打扰到了其他鲸。

看起来，受到噪声影响的不仅是用回声定位的鲸。马萨诸塞湾的北露脊鲸在来往船只的持续喧嚣中很难听见同类的声音。交流的中断使许多露脊鲸不得不独自觅食，从而减少了繁殖的机会。卡斯凯迪亚研究集团（Cascadia Research Collective）的杰里米·戈尔德博根（Jeremy Goldbogen）做了和米勒类似的实验，发现即使音量较小的军事声呐，也会让蓝鲸停止取食长达62分钟。对这种世界上最大的动物来说，稍微停止取食就会大大影响热量的摄取。据戈尔德博根估算，蓝鲸在受到噪声干扰前每分钟要吃掉19千克磷虾。少取食一小时，就会少吃超过一吨的食物——损失的热量足以供给所有器官一天的需要。

回到岸上的办公桌前，菲利帕·萨马拉身边围绕着

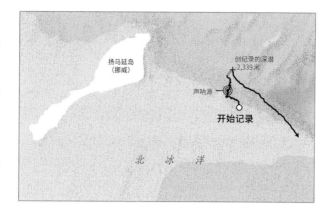

受声呐干扰之前、期间和之后的北瓶鼻鲸
2013年6月25日

—— 受干扰之前和之后
—— 受干扰期间

0   3 km

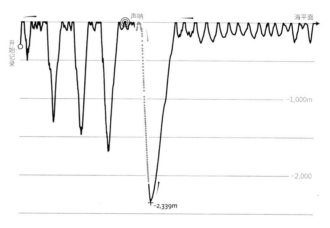

受到噪音干扰前，这只北瓶鼻鲸正有规律地做着深潜。一旦噪音开始，它就停止取食，进行了一次创下本种最深纪录的潜水。然后它匆匆逃离，期间接连做了几次短暂的、较浅的潜水。

相机、潜水服，还有几位打瞌睡的研究人员，正在适应冰岛夏季的极昼。她正在检视范欣内肯前一天拍的照片，一张能够用于识别的照片需要清晰呈现出完整的背鳍和鞍斑。最理想的就是从每只鲸的两侧各拍一张照片，因为两侧均有各自的特征。看着她整理这些图片，就会意识到要想拍出好照片，摄影师和驾船的人都要经验丰富，能预测出接下来鲸会从哪里浮出水面。也许是为了让我对我拍的那堆模糊照片感觉好些，萨马拉说北大西洋的鲸是出了名地难拍："有些日子就

来源：SMRU，马克·约翰逊；拉古纳大学（超声波回声图），娜塔恰·德所托，帕特里克·米勒；SMRU；GEBCO；GSHHG（声呐）

是不肯让我们靠近。"

成功的日子里可能有惊喜的发现。比如在 2014 年 7 月，萨马拉看见一只异常眼熟的雄性。她暗自思忖："我认识这只鲸。我见过这些特征。"她翻遍存档的旧照片后知道是谁了：IS038，上次见到还是 1994 年。如果有几年没有见到一只鲸，研究人员就会推测已经死亡，所以萨马拉觉得这次重逢非同寻常："当你意识到那原来是一只 20 年来都没人见过的鲸时，感觉真是妙不可言。"

我很难把前一天拍到的鲸和她给我的名单对上号。我安慰自己这是个很复杂的任务。照片拍摄的距离和角度各不相同，同一片背鳍可能在一张照片里看起来比较尖，到了另一张里又变得比较钝了。更麻烦的是，鲸在海里会带上新的特征。比如，萨马拉提醒我，其中一只雄性 IS011 身上老是会弄出一些缺口，上面耷拉着小块皮肤。

多亏了这些照片，我们开始对北大西洋鲸的生活有更全面的了解。与比格等人在北太平洋研究的常驻和流动鲸群相比，北大西洋鲸的食性和社会分组看起来都更加复杂。冰岛的鲸在冰岛以西的格伦达菲厄泽一带过冬，在那里捕食鲱鱼，其中大部分鲸夏天都会跟着鲱鱼迁徙到韦斯特曼纳群岛。然而有一群会往南迁徙，在苏格兰附近鱼不那么多的地方度过夏天。萨马拉的直觉告诉她，这群鲸的食性可能变了，改吃苏格兰海域的海豹了。由于分身乏术，她只得求助于脸书。

鲸会来到离岸较近的海域，靠近奥克尼群岛和设得兰群岛一带的游船航线，所以公众可以很容易地拍照上传。"我一开始并不上脸书，"萨马拉说，"后来一位同事告诉我，他好像在脸书上看到了冰岛的鲸。我就决定最好还是自己注册一个账号去看看。"果然，人们拍到的正是萨马拉上个冬天在冰岛研究过的那些鲸。一张雌性虎鲸穆萨（Mousa，编号 IS086）的照片证实了这一点，她的背鳍上有个独特的缺口。说来奇怪，照片上她和同群的鲸正试图用海水把海豹从苏格兰沿岸的礁石上冲下来。它们是不是实际上既吃鱼也吃哺乳动物呢?

我在韦斯特曼纳群岛的第三天，马尔文号的引擎坏了。我们在北大西洋漂流了几小时后，才有另一艘调查船来把我们拖回岸边。第二天，那艘船的引擎也坏了。野外考察天数的减少令大家十分失望，但脸书页面"冰岛虎鲸"使科研得以继续。在我们被困在岸上的同时，萨马拉经常上这个页面去看苏格兰那边发生了什么。到了 7 月 11 日星期一的中午，她看到费尔岛鸟类观察站兼宾馆发了几张虎鲸的照片：是穆萨的鲸群——而且它们正在狼吞虎咽地吃着两只灰海豹。萨马拉特别开心："太神奇了! 这证实了我们一直以来的想法。现在有了鲸的确会改变食性的确凿证据。"

由于北大西洋的鱼类资源正在减少，并不清楚这些鲸改吃海豹是自主选择还是被逼无奈。无论如何，人类和鲸都仍对工业规模的捕鲸心有余悸，再想想如今，已经困扰了研究者一个世纪的拼图，靠游客发在脸书上的照片或视频就能补上缺失的一块，还是很了不起的。

詹姆斯·切希尔

IS086

IS011

IS038

IS045

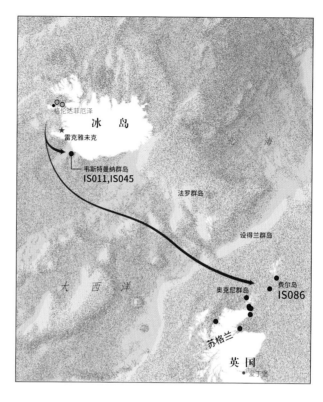

照片识别虎鲸的位置

2011年4月至2015年1月

◯ 冬季

● 夏季

➝ 夏季迁徙

0   200 km

照片识别帮助研究者把不同季节、不同地点的鲸目击事件联系在一起。夏天，人们看到IS086所在的鲸群在苏格兰吃海豹；而和她一起过冬的同伴IS011和IS045更喜欢跟随繁殖的鲱鱼前往韦斯特曼纳群岛。

照片："冰岛虎鲸"项目，萨啦·塔瓦雷斯
来源：雷克雅未克海洋研究所，菲利帕·萨马拉；GEBCO；GSHHG

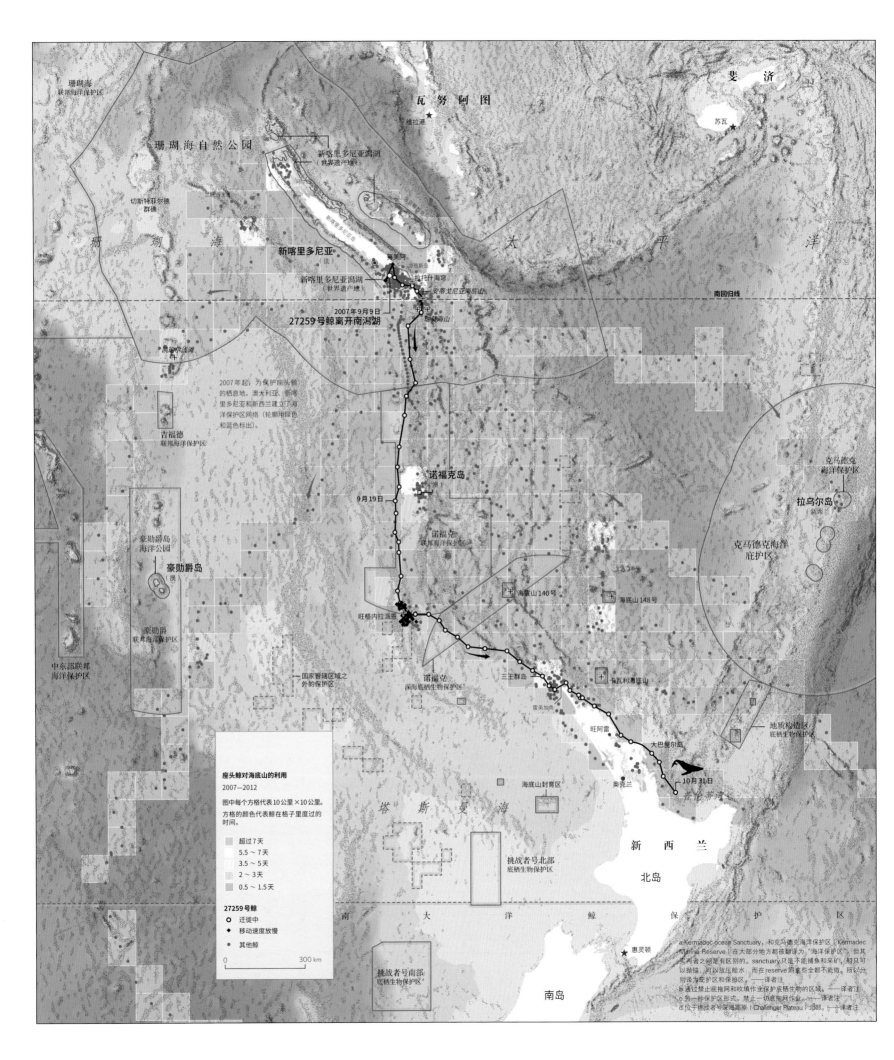

珊瑚海
联邦海洋保护区

斐济

苏瓦

瓦努阿图

维拉港

珊瑚海自然公园

切斯特菲尔德群礁

新喀里多尼亚潟湖
(世界遗产地)

太平洋

新喀里多尼亚
(法)

努美阿

新喀里多尼亚潟湖
(世界遗产地)

拉托什海弯

南回归线

安蒂戈尼亚海底山

努库海山

2007年9月9日
27259号鲸离开南潟湖

凯尔索浅滩

2007年起,为保护座头鲸
的栖息地,澳大利亚、新喀
里多尼亚和新西兰建立了海
洋保护区网络(轮廓用绿色
和蓝色标出)。

吉福德
联邦海洋保护区

诺福克岛
(澳)

9月19日

克马德克
海洋保护区

拉乌尔岛
(新西兰)

豪勋爵岛
海洋公园

豪勋爵岛
(澳)

诺福克
联邦海洋保护区

克马德克海洋
庇护区

中东部联邦
海洋保护区

国家管辖区域之
外的保护区

旺格内拉派恩

海底山140号

海底山148号

诺福克
深海底栖生物保护区

三王群岛

卡瓦利海底山

雷英加角

旺阿雷

地质构造区
底栖生物保护区

大巴里尔岛

座头鲸对海底山的利用
2007—2012

图中每个方格代表10公里×10公里。
方格的颜色代表鲸在格子里度过的
时间。

奥克兰

10月31日

陶伦加

超过7天
5.5～7天
3.5～5天
2～3天
0.5～1.5天

塔斯曼海

海底山封育区

新西兰

北岛

27259号鲸
○ 迁徙中
◆ 移动速度放慢
• 其他鲸

0   300 km

南   大   洋   鲸   保   护   区

挑战者号北部
底栖生物保护区

a Kermadec ocean Sanctuary, 和克马德克海洋保护区(Kermadec
Marine Reserve)在大部分地方都被翻译为"海洋保护区",但其
两者之间是有区别的。sanctuary 只是不能捕鱼和采矿,船只可
以抛锚,可以放压舱水,而在 reserve 则意些全都不能做。所以分
别译为庇护区和保护区。——译者注
b 通过禁止底拖网和吹填作业保护底栖生物的区域。——译者注
c 另一种保护区形式,禁止一切底拖网作业。——译者注
d 位于挑战者号海高原(Challenger Plateau)的底部。——译者注

惠灵顿

挑战者号南部
底栖生物保护区ᵈ

南岛

游向海底山的座头鲸

《世界自然保护联盟濒危物种红色名录》（IUCN Red List of Threatened Species）把座头鲸列为"无危"物种。看到这个认证，你也许认为已经不需要为这种鲸担心，但对克莱尔·加里格来说，事情没那么简单。她研究的局域种群在新喀里多尼亚只有几百只。这足以引起重视。

为了研究如何保护这群座头鲸，加里格从2007年开始追踪。她先是给12只在法属区域的南潟湖里繁殖的座头鲸戴上了跟踪器，除了其中2只，其他都向南游去，这说明它们可能和新西兰的局域种群关系紧密。此外，还有另一个惊人的发现。其中7只鲸都造访了一处名为安蒂戈尼亚海底山的大型海底山；其中一只还

在那里待了3周。加里格从1991年就开始研究这些鲸，却从来不知道它们会在任何地方做出这种举动。别人也都不知道。她做了后续研究，追踪了更多鲸，其中大部分也会在海底山附近放慢迁徙速度。可是为什么会这样？那里是它们的休息站、路标还是社交场所？还有许多我们不知道的事情。

通过卫星和声呐，全球海底山普查（Global Seamount Census）估计全世界有超过2,500百万座这样的水下岛屿。另有至少10万座超过1,000米高的海底山还没有登上地图。事实上，就在2005年，还有一艘核潜艇撞上了关岛东南的一座海底山，造成一名船员死亡。那些就连美国海军都不知道在哪里的海底山，鲸也许知道。

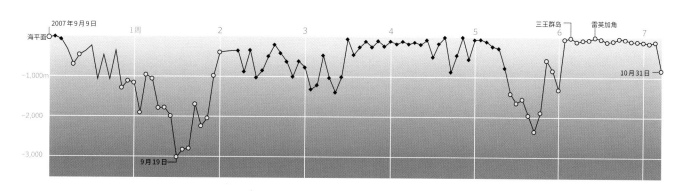

27259号鲸的活动
2007年9月9日至10月31日
○ 迁徙中
◆ 移动速度放慢

27259号鲸和她的幼崽在往新西兰迁徙的3,340千米的旅途中，在旺格内拉派恩海底山停留了17天。

来源：克莱尔·加里格，鲸类行动和发展研究所；GEBCO；GSHHG

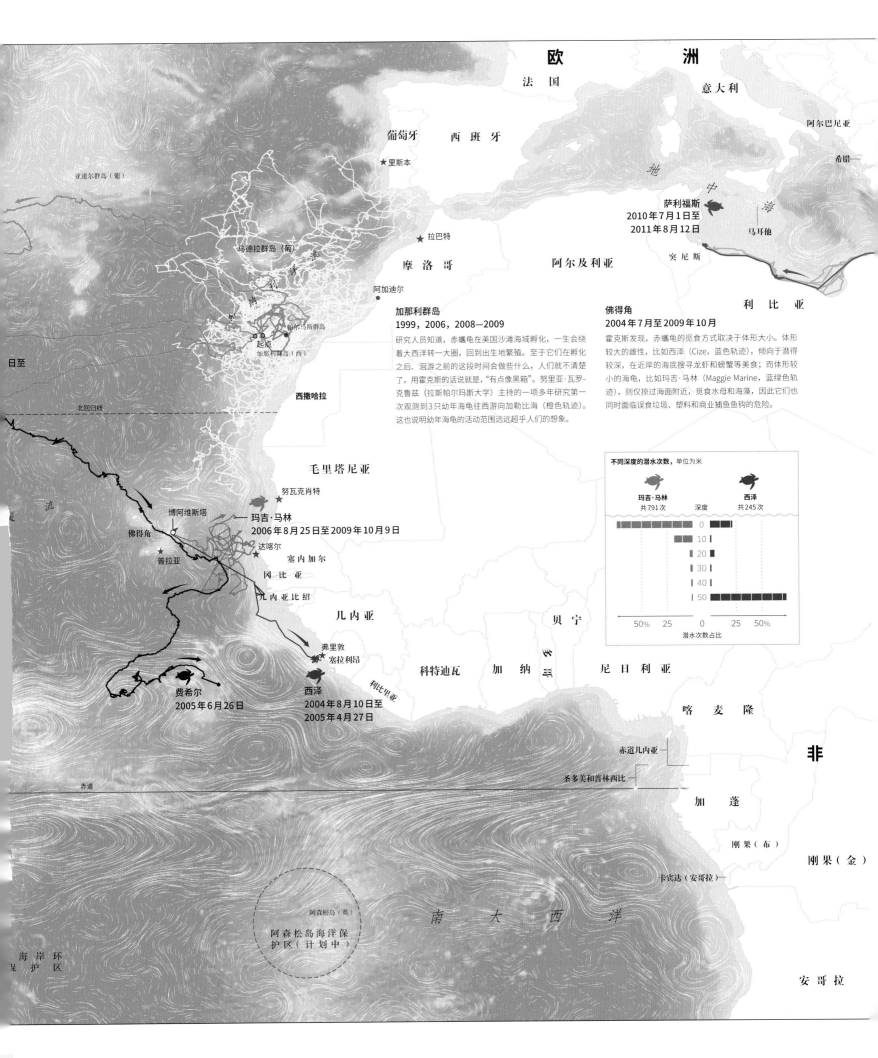

欧 洲

法 国

意 大 利

阿尔巴尼亚

葡 萄 牙　　西 班 牙

★ 里斯本

希腊

亚速尔群岛（葡）

马德拉群岛（葡）

★ 拉巴特

地 中 海

萨利福斯
2010年7月1日至
2011年8月12日

马耳他

阿加迪尔

摩 洛 哥　　阿 尔 及 利 亚

突尼斯

利 比 亚

帕尔马斯群岛

起点

加那利群岛（西）

西撒哈拉

加那利群岛
1999，2006，2008—2009

研究人员知道，赤蠵龟在美国沙滩海域孵化，一生会绕着大西洋转一大圈，回到出生地繁殖。至于它们在孵化之后、洄游之前的这段时间会做些什么，人们就不清楚了，用霍克斯的话说就是，"有点像黑箱"。努里亚·瓦罗-克鲁兹（拉斯帕尔玛斯大学）主持的一项多年研究第一次观测到3只幼年海龟往西游向加勒比海（橙色轨迹）。这也说明幼年海龟的活动范围远远超乎人们的想象。

佛得角
2004年7月至2009年10月

霍克斯发现，赤蠵龟的觅食方式取决于体形大小。体形较大的雌性，比如西泽（Cize，蓝色轨迹），倾向于潜得较深，在近岸的海底搜寻龙虾和螃蟹等美食；而体形较小的海龟，比如玛吉·马林（Maggie Marine，蓝绿色轨迹），则仅掠过海面附近，觅食水母和海藻，因此它们也同时面临误食垃圾、塑料和商业捕鱼鱼钩的危险。

北回归线

毛 里 塔 尼 亚

努瓦克肖特

博阿维斯塔

玛吉·马林
2006年8月25日至2009年10月9日

佛得角

达喀尔

普拉亚

塞 内 加 尔

冈 比 亚

几内亚比绍

几 内 亚

不同深度的潜水次数，单位为米

玛吉·马林	深度	西泽
共791次		共245次
	0	
	10	
	20	
	30	
	40	
	50	

50%　25　　0　　25　50%
潜水次数占比

贝 宁

多哥

尼 日 利 亚

弗里敦
塞拉利昂

科 特 迪 瓦　　加 纳

喀 麦 隆

费希尔
2005年6月26日

西泽
2004年8月10日至
2005年4月27日

利比里亚

赤道几内亚

圣多美和普林西比

非

加 蓬

刚果（布）

刚 果（金）

卡宾达（安哥拉）

海 岸 环
保 护 区

阿森松岛（英）

阿森松岛海洋保护区（计划中）

南 大 西 洋

赤道

安 哥 拉

北 美 洲

美 国

★ 华盛顿

北卡罗来纳

2004 年 6 月 12 日
费希尔堡北卡罗来纳水族馆

北卡罗来纳
2004 年 6 月至 2005 年 6 月

费希尔并没有顺着墨西哥湾流和其他洋流绕圈
游动，而是径直穿过大西洋，在 350 天内游了
11,600 千米。

墨 西 哥 湾 流

U
2010 年 4 月 21 日至
2012 年 3 月 16 日

北 大 西 洋

加 那 利 寒 流

P
2009 年 4 月
7 月 11 日

巴哈马

安的列斯暖流

古巴

开曼群岛（英）

牙买加

海地

多米尼加共和国

波多黎各
（美国自由邦）

英属维尔京群岛

洪都拉斯

尼加拉瓜

圣基茨和尼维斯 —
蒙特塞拉特（英）

多米尼克 —

瓜德罗普（法）

安提瓜和巴布达

哥斯达
黎加

巴拿马

圣文森特和格林纳丁斯 —

格林纳达 —

圣卢西亚

巴巴多斯

北 赤 道

T
2009 年 10 月 25 日至 2010 年 3 月 22 日

这项研究结束后，T 的跟踪器在圣卢西亚的岸上
被发现。瓦罗-克鲁斯担心他恐怕是被人钓上来
吃了。

特立尼达和多巴哥

委 内 瑞 拉

圭 亚 那

哥 伦 比 亚

苏 里 南

法属圭亚那

厄瓜多尔

南 美 洲

海龟的卫星追踪轨迹

2004—2013

○ 产卵的海滩

巴 西

0   1,000 km

赤道处的比例尺

秘 鲁

累西腓

珊瑚岛境

来源：埃克赛特大学，露西·霍克斯；迪肯大学（查
戈斯），格雷安·海斯；努里亚，瓦罗-克鲁兹，拉斯
帕尔玛斯大学（加那利群岛）；埃克赛特大学（塞浦
路斯），马修·威特；GEBCO；GSHHG；NE；GADM

白色的线和旋涡表示 11 月洋流
的平均情况。研究人员用洋流的
速度和方向建模推测海龟穿越重
洋的路线。

逆流而行的海龟

"天啊，这里有好多海龟！"露西·霍克斯（Lucy Hawkes）惊呼，她是埃克塞特大学海龟研究组的成员。此刻她正在浏览数据库，上面有他们进行中的追踪项目："我们在阿森松岛、北卡罗来纳、英属维尔京群岛、佛得角、开曼群岛、墨西哥、塞浦路斯、多米尼加共和国、赤道几内亚、加蓬、以色列、科威特、兰佩杜萨——在意大利——莫桑比克、瓜达卢佩、蒙特塞拉特、阿曼、秘鲁、（她换了一口气）苏格兰、土耳其、斯里兰卡和希腊都有项目。"给海龟戴上的跟踪器总数多达443个，还在不断增加。

霍克斯最早的跟踪器之一搭载在名为费希尔（Fisher）的赤蠵龟身上。1995年，费希尔堡北卡罗来纳水族馆的生物学家在附近的沙滩上发现了他。当时他虚弱而消瘦，于是生物学家把他带到了水族馆的康复中心。8年后，费希尔的体重长到了40公斤，当初收留他的居所已经容纳不下他。照料他的人把他借给肯塔基州纽波特水族馆做过一次展览，展览的名字就叫"海龟：幸存之旅"。费希尔到了10岁生日那天，体重已达70公斤，可以去野外捕食了。

2004年6月12日，霍克斯在费希尔的壳上粘了一个跟踪器，把他放归大西洋。她以为费希尔会顺着墨西哥湾流漂到西班牙，但后者显然另有计划。"他走了条直线，直奔佛得角，"霍克斯说，"很神奇，那里恰恰是他10岁时该去的地方。就好像他想着'我得加油赶上大家'似的。"想想吧。费希尔被关起来养了10年，仍然知道该去哪里、什么时候去，以及怎么去。在接下来的拉页中，你会看到海龟还有更多出人意料的地方。

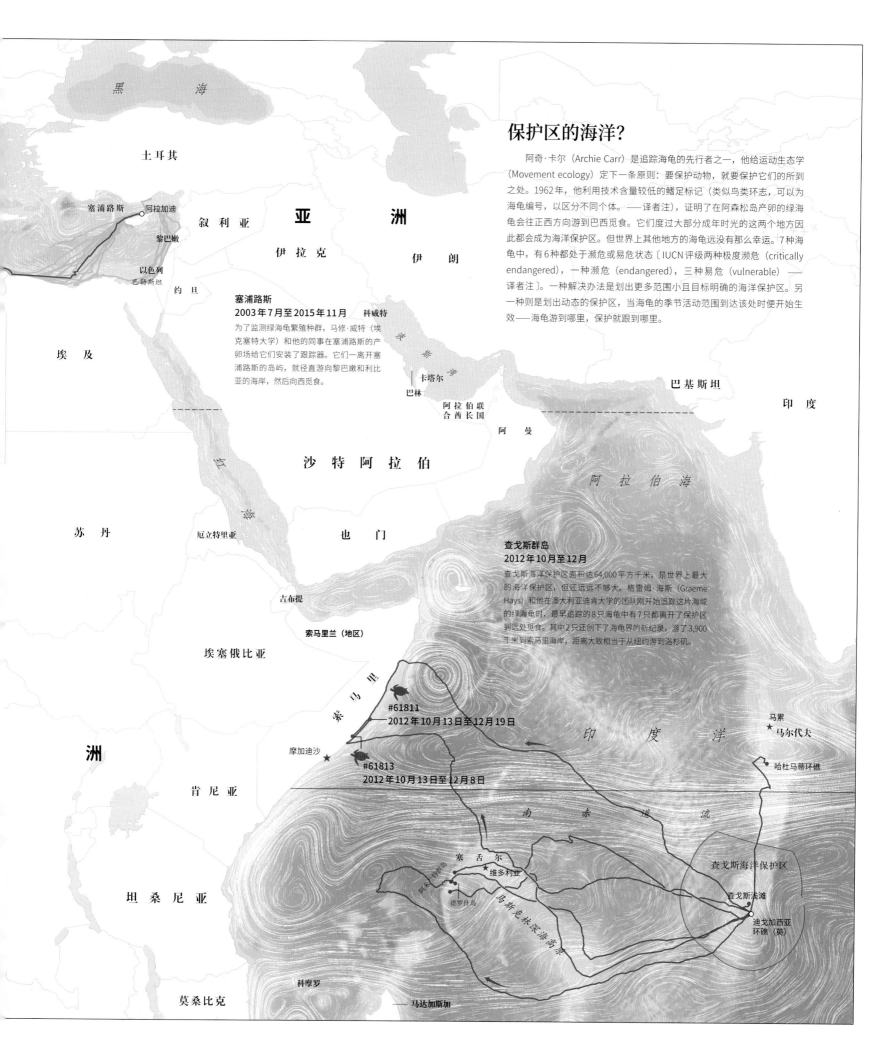

保护区的海洋？

阿奇·卡尔（Archie Carr）是追踪海龟的先行者之一，他给运动生态学（Movement ecology）定下一条原则：要保护动物，就要保护它们的所到之处。1962年，他利用技术含量较低的鳍足标记（类似鸟类环志，可以为海龟编号，以区分不同个体。——译者注），证明了在阿森松岛产卵的绿海龟会往正西方向游到巴西觅食。它们度过大部分成年时光的这两个地方因此都会成为海洋保护区。但世界上其他地方的海龟远没有那么幸运。7种海龟中，有6种都处于濒危或易危状态〔IUCN评级两种极度濒危（critically endangered），一种濒危（endangered），三种易危（vulnerable）——译者注〕。一种解决办法是划出更多范围小且目标明确的海洋保护区。另一种则是划出动态的保护区，当海龟的季节活动范围到达该处时便开始生效——海龟游到哪里，保护就跟到哪里。

塞浦路斯
2003年7月至2015年11月

为了监测绿海龟繁殖种群，马修·威特（埃克塞特大学）和他的同事在塞浦路斯的产卵场给它们安装了跟踪器。它们一离开塞浦路斯的岛屿，就径直游向黎巴嫩和利比亚的海岸，然后向西觅食。

查戈斯群岛
2012年10月至12月

查戈斯海洋保护区面积达64,000平方千米，是世界上最大的海龟保护区，但还远远不够大。格雷姆·海斯（Graeme Hays）和他在澳大利亚迪肯大学的团队刚开始追踪这片海域的绿海龟时，最早追踪的8只海龟中有7只都离开了保护区到远处觅食。其中2只还创下了海龟界的新纪录，游了3,900千米到索马里海岸，距离大致相当于从纽约游到洛杉矶。

黑 海

土耳其

塞浦路斯 阿拉加迪

叙利亚

亚 洲

黎巴嫩

以色列
巴勒斯坦

约旦

伊拉克

伊 朗

埃 及

科威特

巴林

卡塔尔

阿拉伯联
合酋长国

阿曼

巴 基 斯 坦

印 度

红 海

苏 丹

厄立特里亚

也 门

沙 特 阿 拉 伯

阿 拉 伯 海

吉布提

索马里兰（地区）

埃塞俄比亚

索 马 里

#61811
2012年10月13日至12月19日

摩加迪沙

#61813
2012年10月13日至12月8日

洲

肯 尼 亚

南 赤 道 流

马累
★马尔代夫

印 度 洋

哈杜马蒂环礁

坦 桑 尼 亚

塞 舌 尔
★维多利亚

阿米兰特群岛

德罗什岛

马 斯 克 林 深 海 高 原

查戈斯海洋保护区

查戈斯浅滩

迪戈加西亚
环礁（英）

科摩罗

莫桑比克

马达加斯加

鲨鱼、海龟和恐惧景观

资分法尼亚

动物会为了吃而移动，也会为了不被吃掉而移动。这便是生态学家称为"恐惧景观"的万能模型的要义。根据这种理论，动物会知道活动范围内有哪些区域存在风险，并避开较危险的区域。听起来很有道理，但这个理论总是成立吗？

迈阿密大学鲨鱼研究和保护项目的主管尼尔·哈默施拉格就是该理论的怀疑者。他很好奇，在海洋这样广阔且流动的景观中，这个理论还能否成立。为了观察捕食者和被捕食者在海洋尺度上的互动，他结合了之前研究中的两套卫星追踪数据：68只赤蠵龟（其夏季活动范围用绿色表示）和31条虎鲨（用水色表示）。他找出两者分布重叠的区域（黄色），观察在鲨鱼出没的海域，海龟行为是否有所不同。

海龟会浮出水面觅食和呼吸，虎鲨就从下面袭击它们。如果恐惧理论成立的话，哈默施拉格应该会看到海龟在高危区域的次数有所减少。但实际情况并非如此。海龟仍像平常一样游动：改变行为的反而是鲨鱼。在有海龟的地方，虎鲨更多待在深处。有可能是在准备袭击。

那么，为什么海龟没有表现得更害怕一些？哈默施拉格有他自己的想法：也许取食或筑巢的高需求比避开风险更重要。也许过度捕捞已使鲨鱼"在功能上相当于灭绝①"了。又或许在海龟看来，如今海里有更需要担心的东西：渔网和渔船只的螺旋桨。

① 原文"functionally extinct"，意思并非通常所指的功能性灭绝，即剩余野外种群不足以繁殖存续，而是说鲨鱼的鲨度太低，不足以产生驱赶起海龟的效果。——译者注

大 西 洋

纽约
宾夕法尼亚
新泽西
费城
威尔明顿
马里兰
大西洋城
开普梅
特拉华
巴尔的摩
华盛顿哥伦比亚特区
诺福克
弗吉尼亚
第尼亚比奇
外滩群岛
美国
北卡罗来纳
南卡罗来纳
威尔明顿
默特尔比奇

虎鲨#68554
4月22日至 6月27日
6月17日

虎鲨#68555
4月11日至 10月10日
6月11日

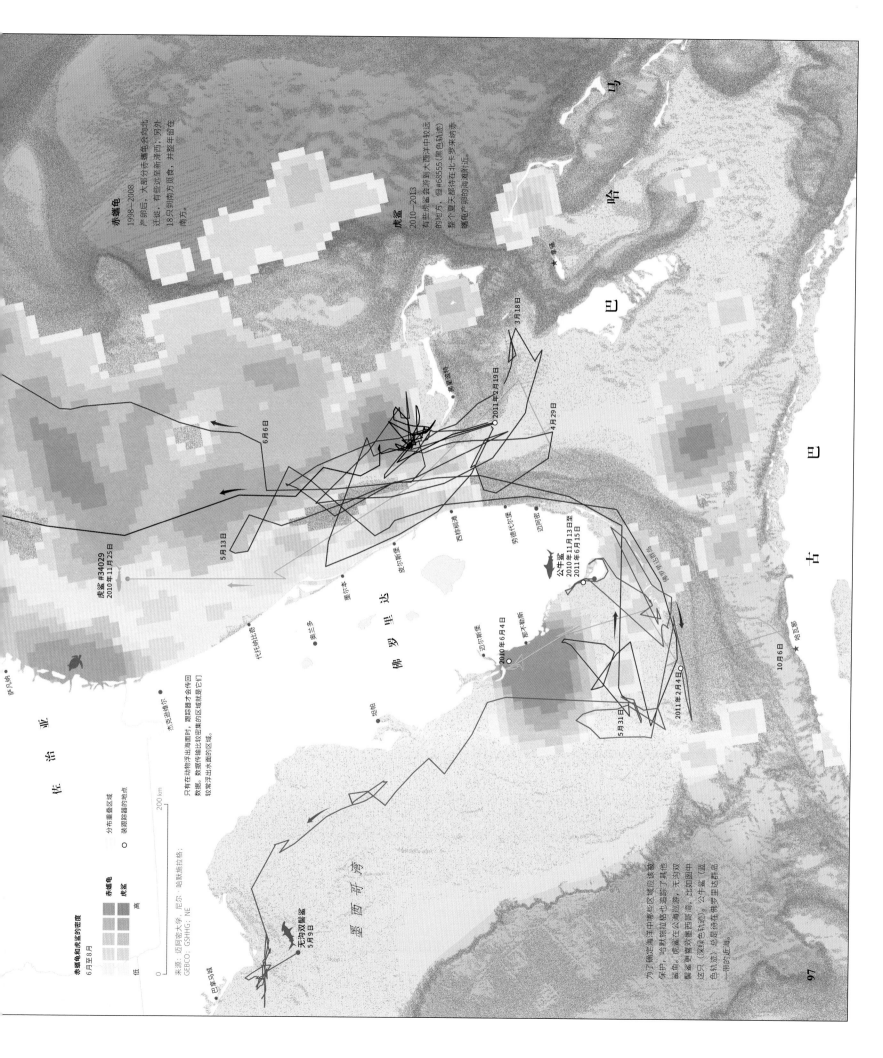

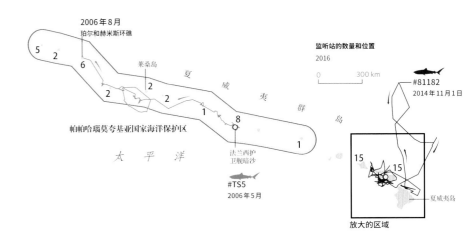

2006年8月
珀尔和赫米斯环礁

监听站的数量和位置
2016

0   300 km

莱桑岛

夏威夷群岛

#81182
2014年11月1日

帕帕哈瑙莫夸基亚国家海洋保护区

太平洋

法兰西护
卫舰暗沙

#TS5
2006年5月

放大的区域

夏威夷岛

数据赦免了鲨鱼

1958年发生了一起鲨鱼咬人致死事件，夏威夷州在接下去的17年里捕杀了4,668条鲨鱼。这是恐惧驱使下的应对手段，并没有依据事实。20世纪90年代，更多死亡事件使夏威夷州考虑再次进行选择性捕杀。而这一次，夏威夷人不答应了，他们坚持认为捕杀鲨鱼并不是解决问题的办法。"这就给了我们研究鲨鱼到底在做什么的机会。"夏威夷海洋生物学院的研究教授金·霍兰解说道。他的研究组帮助说服了州政府投资做研究，而不是花钱搞屠杀。

这些年来，他们一直在用各种追踪技术做研究，往往会同时使用多种技术。前期他们给虎鲨植入了声学信号发射器。这种发射器会以特定的序列发出信号，研究者就可以在一小段距离内驾船跟随。为了在更大范围内研究，2005年他们在群岛各处安装了水下监听站，一旦有发出信号的鲨鱼经过就记录下来（上图）。与此同时，鲨鱼鳍上还装有卫星跟踪器，用来获取鲨鱼在监听站之间的移动轨迹。

这项研究开始前，人们以为鲨鱼并不常见，认为在沙滩附近见到的那几条是常驻居民。"单看最早的几条轨迹，我们就意识到之前的设想完全错了，"霍兰说，"想不到虎鲨的生活竟如此漂泊。"采用了监听站阵列和卫星跟踪器后，研究组加深了对鲨鱼行为的了解。它们会在几个岛之间游动数千公里，也常在大海中进行长途旅行。

"虎鲨一直在夏威夷群岛周围转悠，离岸也很近。"霍兰说。如果你考虑到每年有成千上万人下水，"那么反而应该惊讶，鲨鱼袭击居然这么少发生。"平均来说，夏威夷每年发生三到四起鲨鱼咬人事件，相比之下，海上溺水事件却超过50起。至于咬人致死这种罕见的事故，州政府现在会以比较科学的立场来看待。"他们不会批准选择性捕杀，除非有证据证明某条凶恶的鲨鱼的确在某一地点活动。而这种情况从未出现过。"

来源：夏威夷海洋生物研究所，卡尔·迈耶和基姆·霍兰德；GEBCO；GSHHG

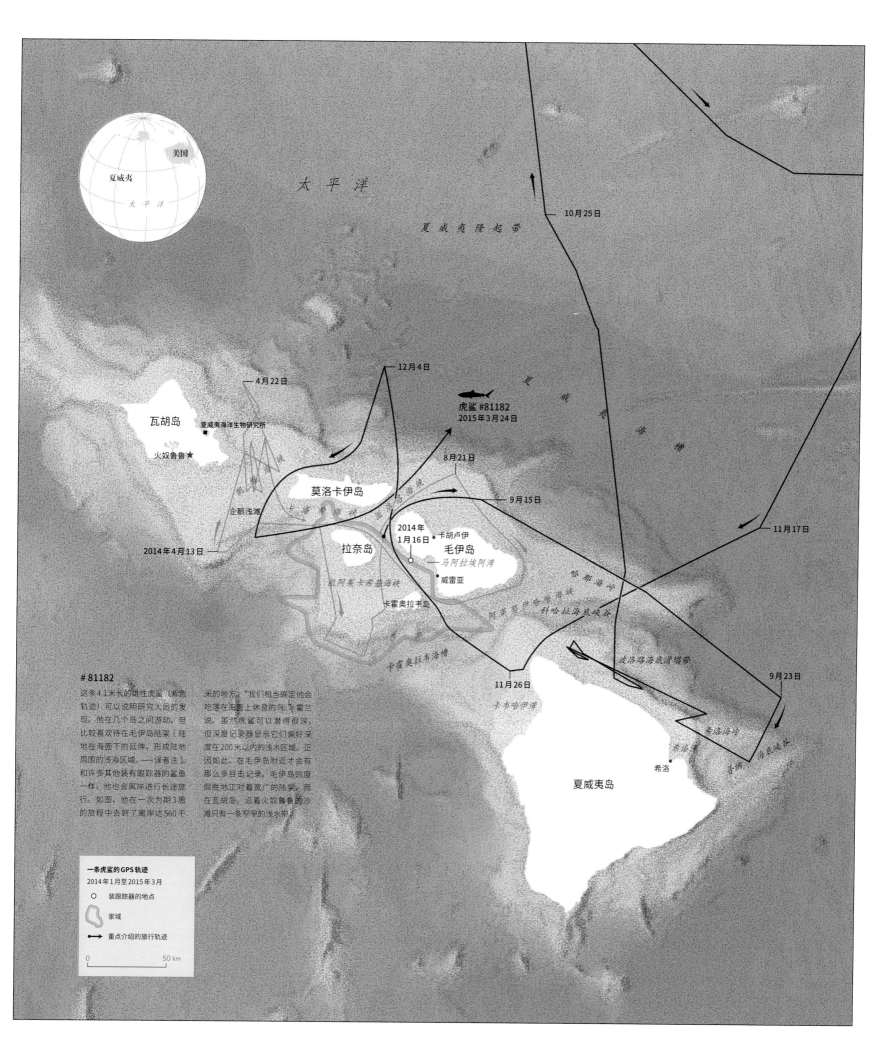

美国

夏威夷

太平洋

太 平 洋

夏威夷隆起带

10月25日

4月22日

12月4日

夏威夷海洋生物研究所

虎鲨 #81182
2015年3月24日

8月21日

瓦胡岛

9月15日

火奴鲁鲁★

莫洛卡伊岛

11月17日

企鹅浅滩

2014年
1月16日

卡胡卢伊

拉奈岛

毛伊岛

2014年4月13日

马阿拉埃阿湾

哈那海岸

威雷亚

凯阿莱卡希基海峡

卡霍奥拉韦岛

科哈拉海底峡谷

11月26日

卡霍奥拉韦海槽

波洛路海底滑塌带

9月23日

希洛海岭

卡韦哈伊湾

希洛

#81182

这条4.1米长的雄性虎鲨（黑色轨迹）可以说明研究人员的发现，他在几个岛之间游动，但比较喜欢待在毛伊岛陆架（陆地在海面下的延伸，形成陆地周围的浅海区域。——译者注）。和许多其他装有跟踪器的鲨鱼一样，他也会离岸进行长途旅行。如图，他在一次为期3周的旅程中去到了离岸达560千

米的地方。"我们相当确定他会吃落在海面上休息的乌霍兰说。虽然虎鲨可以潜得很深，但深度记录器显示它们偏好深度在200米以内的浅水区域。正因如此，在毛伊岛附近才会有那么多目击记录。毛伊岛的度假胜地正对着宽广的陆架，而在瓦胡岛，沿着火奴鲁鲁的沙滩只有一条窄窄的浅水带

希洛

夏威夷岛

一条虎鲨的GPS轨迹

2014年1月至2015年3月

○ 装跟踪器的地点

家域

▶ 重点介绍的旅行轨迹

0 ————— 50 km

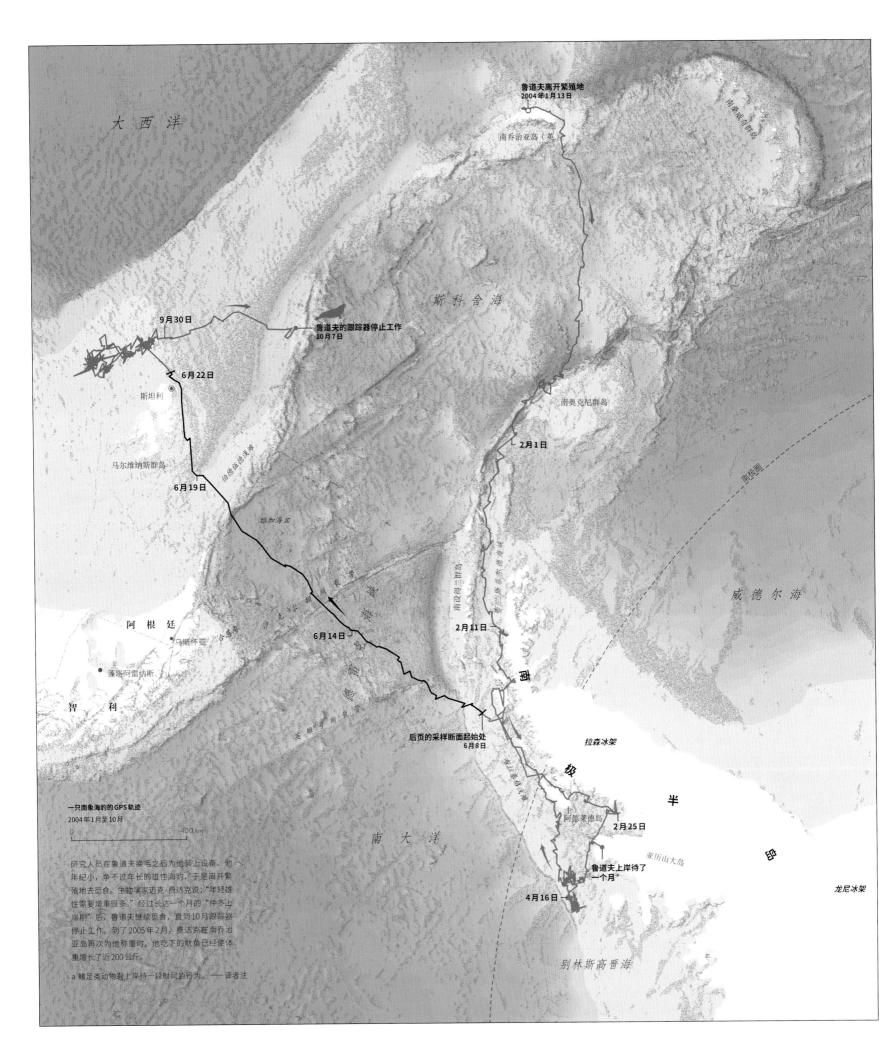

大 西 洋

斯科舍海

鲁道夫离开繁殖地
2004年1月13日

南乔治亚岛（英）

南奥克尼群岛

9月30日

鲁道夫的跟踪器停止工作
10月7日

6月22日

斯坦利

2月1日

马尔维纳斯群岛

伯德伍德浅州

6月19日

雅加海盆

周极圈

威德尔海

南设得兰群岛

2月11日

阿 根 廷

乌斯怀亚

6月14日

蓬塔阿雷纳斯

智 利

后页的采样断面起始处
6月8日

拉森冰架

南

极

半

阿德莱德岛

2月25日

亚历山大岛

一只南象海豹的GPS轨迹
2004年1月至10月

0   400 km

南 大 洋

岛

鲁道夫上岸待了
一个月ª

4月16日

龙尼冰架

研究人员在鲁道夫换毛之后为他装上设备。他
年纪小，争不过年长的雄性海豹，于是离开繁
殖地去觅食。生物学家迈克·费达克说："年轻雄
性需要增重很多。"经过长达一个月的"仲冬上
岸期"后，鲁道夫继续觅食，直到10月跟踪器
停止工作。到了2005年2月，费达克在南乔治
亚岛再次为他称重时，他吃下的鱿鱼已经使体
重增长了近200公斤。

别林斯高晋海

a 鳍足类动物有上岸待一段时间的行为。——译者注

勘察南大洋的海豹

初到一座城市,若想知道自己的方位,你可能会上街漫步,查阅旅行指南,或者向当地人询问。通常最好三种方法都试一试。海洋学家想要了解极地的海洋时,也面临类似的情况;他们把传感浮标放在海上随洋流漂流,也在海图上查阅特定的区域。不过还缺一样东西,那就是来自当地的知识。

为了解决这一问题,英国苏格兰圣安德鲁斯大学海洋哺乳动物研究组(Sea Mammal Research Unit,SMRU)的迈克·费达克站了出来。几年来,他和同事一直在和海豹聊海底世界的事。海豹不怎么健谈,但它们皮毛上粘的传感器(每过6个月左右会随着换毛脱落)会告诉我们气候变化和海豹行为相关的信息,单靠我们自己肯定是无法发现的。例如,一只名叫鲁道夫(Rudolf)的象海豹能收集南极半岛沿岸冰层下的海水温度,这是海洋学家很难直接测到的。

SMRU的海洋学家拉斯·贝姆(Lars Boehme)记得,其他研究者一开始对"由动物主导的采样"有点担忧。他们认为海豹采样不像科学家那样"不偏不倚",只会去对它们来说重要的地方。但在SMRU的人看来,这正是该方法的意义所在。费达克认为:"我们下功夫去了解的首先应该是这些动物,然后顺便也为海洋学提供些一般信息。"

单凭一只海豹,不大

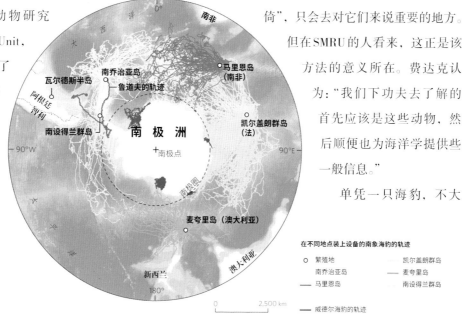

在不同地点装上设备的南象海豹的轨迹

○ 繁殖地
南乔治亚岛
—— 马里恩岛

—— 凯尔盖朗群岛
—— 麦夸里岛
—— 南设得兰群岛

—— 威德尔海豹的轨迹

威德尔海豹待在冰架附近,为研究者提供了集中在少数几个区域的多条记录;而鲁道夫这样的南象海豹(见前页)会在海中游荡,获得长距离的断面数据。

鲁道夫的移动轨迹比较长,也潜得比较深,因而成了克林特·布莱特(Clint Blight)"介绍给学生的第一只海豹"。布莱特是SMRU海豹追踪可视化软件幕后的技术人员。

来源:迈克、赛达克和克林特·布莱特,圣安德鲁斯大学;GEBCO;GSHHG;NE

可能让我们对南大洋的了解有所改观，但如果是700只左右呢？已经有来自11个国家的科学家加入费达克发起的行动，而他们的海豹传回了共计30万条南半球海水温度和盐度的测试结果。研究人员把这些数据都公开在名为"海洋哺乳动物勘遍两极之间"（MEOP，Marine Mammals Exploring the Oceans Pole-to-pole）的数据门户网站上。

研究人员在鲁道夫换毛后为他装上设备。他年纪小，争不过年长的雄性海豹，于是离开繁殖地去觅食。

生物学家迈克·费达克说："年轻雄性需要增重很多。"经过长达一个月的"仲冬上岸期"后，鲁道夫继续觅食，直到10月跟踪器停止工作。2005年2月，费达克在南乔治亚岛再次为他称重时，他吃下的鱿鱼已经使体重增长了近200公斤。

费达克说，通过这些证据，我们已经开始更广泛地了解"全球海洋"在气候变化下的状况。我们的海洋全部由一条巨大的输送带维系在一起，其中关键的一段自北向南通过大西洋后会沿南极海岸流动。为了让这条输

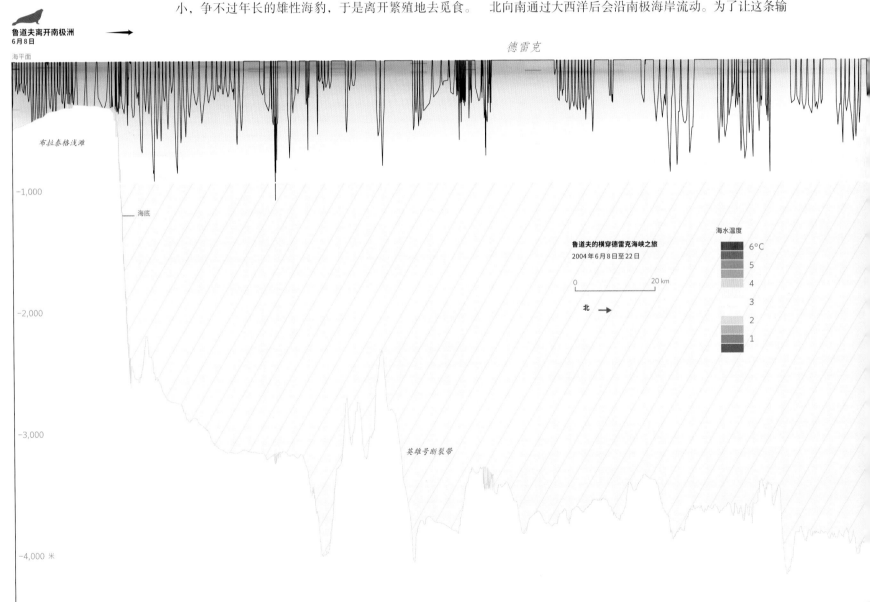

鲁道夫离开南极洲
6月8日

德雷克

海平面

布拉泰格浅滩

海底

鲁道夫的横穿德雷克海峡之旅
2004年6月8日至22日

0　　　　20 km

北 →

海水温度

6°C
5
4

3

2
1

-1,000

-2,000

英雄号断裂带

-3,000

-4,000 米

送带不停运转，两极的海水必须保持低温高盐的状态。然而全球变暖导致南大洋水温升高，融化的冰盖又向海里输送了更多淡水，使问题变得更加严重。

海豹并不知情，却成了我们的哨兵。它们源源不断地带回数据，让研究人员得以及时了解最新的海水温度，同时也带我们认识它们的日常生活。到目前为止，它们只能传回文本格式的文件，SMRU 的科学家希望新一代的跟踪设备能在仪器内部处理大部分数据，把数据转化成有用的信息后再传回实验室。

费达克预计这将成为海洋生物学的一大突破。比如说，仅凭当今的技术，他无法评估一座新建的海上风电场会对海豹产生什么影响。跟踪器能告诉他海豹在涡轮机周围活动的情况，却不会告诉他涡轮机会如何影响海豹的健康。新一代跟踪设备上的加速度传感器会测量海豹两次拍打鳍肢的动作之间速度衰减的快慢，而仪器自带的计算机就能由此算出海豹的体重。这才是费达克想要的数据，可以用来判断像鲁道夫这样的海豹是不是达到了繁殖所需的体重。

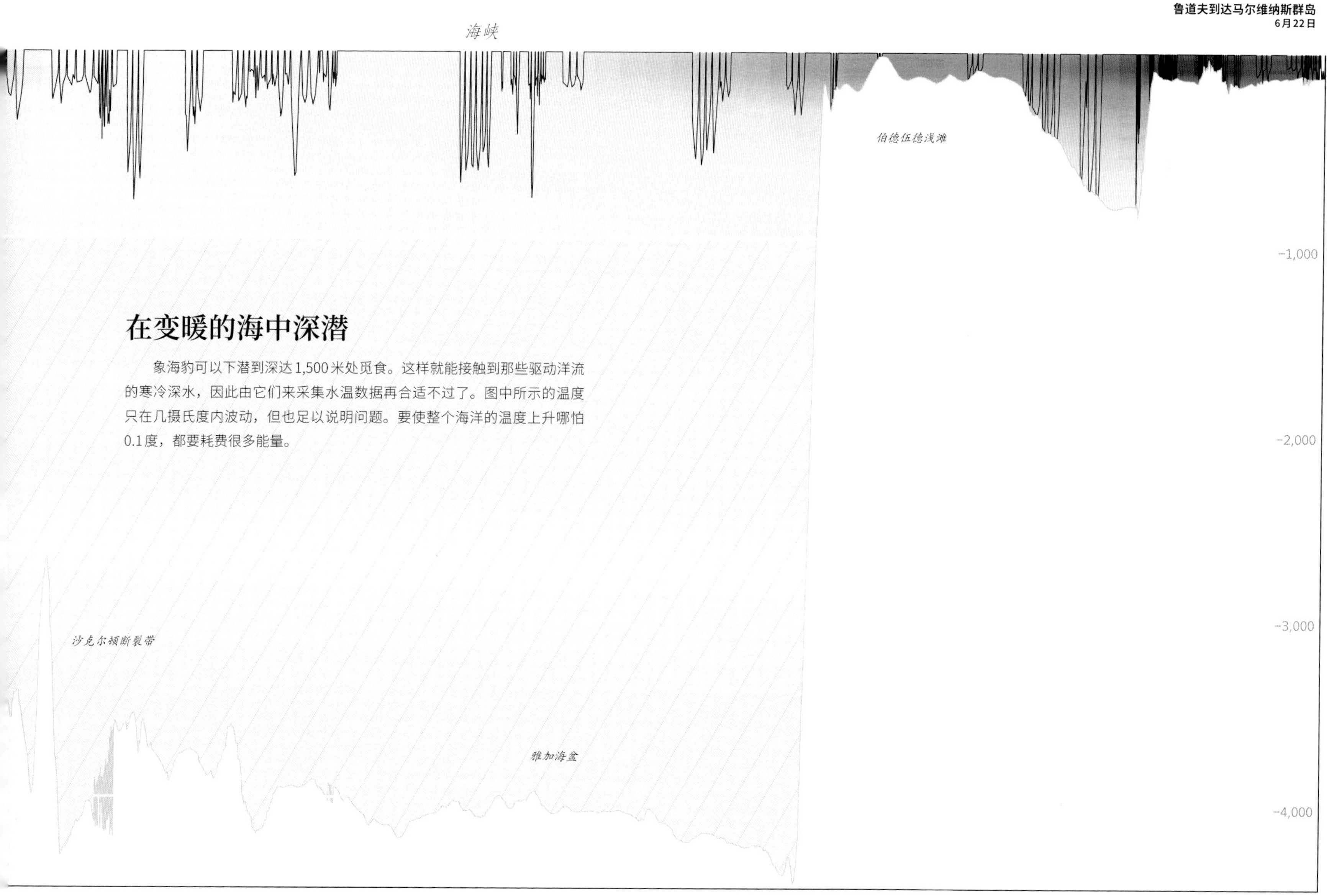

鲁道夫到达马尔维纳斯群岛
6月22日

海峡

伯德伍德浅滩

-1,000

在变暖的海中深潜

象海豹可以下潜到深达 1,500 米处觅食。这样就能接触到那些驱动洋流的寒冷深水，因此由它们来采集水温数据再合适不过了。图中所示的温度只在几摄氏度内波动，但也足以说明问题。要使整个海洋的温度上升哪怕0.1度，都要耗费很多能量。

-2,000

沙克尔顿断裂带

-3,000

雅加海盆

-4,000

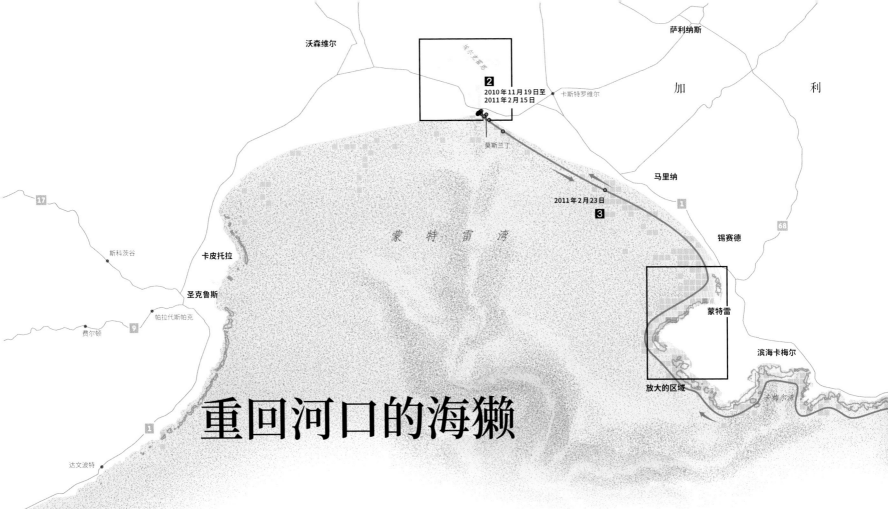

重回河口的海獭

海獭是十分罕见的哺乳动物，如今已濒临灭绝，本书的读者将来见到活海獭的可能性微乎其微。

——《北美哺乳动物野外手册》，1928年

海獭有着地球上最厚实的皮毛，在长达两个世纪的时间里一直为陷阱猎人所觊觎。到1911年开始禁猎海獭时，全世界只剩下13个种群。在加利福尼亚，禁令似乎来得太迟，已经于事无补。

1938年，在卡梅尔以南21千米的比克斯比河口，当地土地所有者霍华德·G.夏普（Howard G. Sharpe）看见长着"奇形怪状脚蹼"的"物体"漂浮在海带丛中时，他根本不敢相信自己的眼睛。渔猎部门的官员

也不相信，夏普竭力说服他们亲自去看。很快渔猎部门派来了警卫和一艘巡逻船，保护这一群大约50只海獭。

幸亏有夏普的发现和努力，如今在加利福尼亚中部沿海已经有3,000只海獭。自1984年蒙特雷湾水族馆成立以来，研究人员一直在美国地质调查局等机构的帮助下密切关注这些海獭。他们给海獭植入无线电发射器，然后沿着海岸线搜寻信号。跟踪设备需要植

雌海獭一生都在一块小区域内度过，年轻的雄海獭会被较大的雄性逐出出生地。根据下图中用数字标出的顺序，你会看到M6503号雄海獭离家一路前往莫斯兰丁，数月后又回到大苏尔沿岸。

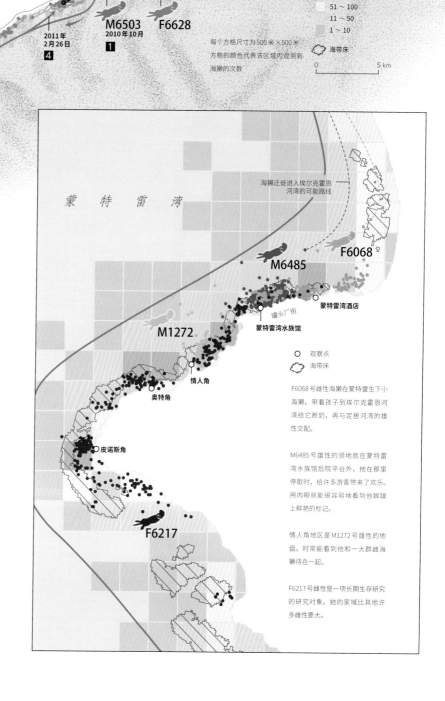

卫星跟踪加州海獭的观测记录
2009—2011

多于 1,000
301 ~ 1,000
101 ~ 300
51 ~ 100
11 ~ 50
1 ~ 10

每个方格尺寸为 500 米 × 500 米
方格的颜色代表该区域内观测到
海獭的次数

海带床

0　　　　　5 km

巴克溪

比格克里克湾

洛佩斯角

缪尔克里克峡谷

大苏尔

可能的路线

1

比克斯比桥

苏尔角

太　平　洋

M6503
2010年10月
■1

F6628

2011年
2月26日
■4

入体内，因为海獭并没有能隔绝北太平洋冰冷海水的脂肪层。"它们依赖100%完整无缺的皮毛屏障。如果皮毛受损（比如说被GPS颈圈破坏），就像潜水员穿着有破洞的干衣①一样，它们很快就会死亡。"美国地质调查局的生物学家蒂姆·廷克（Tim Tinker）说。

为了做无线电追踪和行为监测，研究人员每天都要去寻找海獭。萨拉·埃斯皮诺萨从2013年起就一直在

北美洲
蒙特雷　　　美国

蒙特雷湾

海獭迁徙进入埃尔克霍恩
河湾的可能路线

F6068

M6485

蒙特雷湾酒店

蒙特雷湾水族馆

罐头厂街

M1272

情人角

奥特角

○　观察点

海带床

F6068号雌性海獭在蒙特雷生下小
海獭，带着孩子到埃尔克霍恩河
湾给它断奶，再与定居河湾的雄
性交配。

M6485号雄性的领地就在蒙特雷
湾水族馆后院平台外，他在那里
停歇时，给许多游客带来了欢乐。
用肉眼就能很容易地看到他脚踝
上鲜艳的标记。

皮诺斯角

情人角地区是M1272号雄性的地
盘。时常能看到他和一大群雌海
獭待在一起。

F6217号雌性是一项长期生存研究
的研究对象，她的家域比其他许
多雌性要大。

F6217

---

① 干衣（drysuit）是一种潜水或进行其他水中作业时穿的衣物，与湿衣（wetsuit）相比，能隔绝水，保暖效果较好，更适合寒冷的环境。——译者注

来源：USGS，蒂姆·廷克，萨拉·埃斯皮诺萨，乔·托莫里奥尼，米歇尔·斯特德勒，蒙特雷湾水族馆；GEBCO，USGS

做这件事。我们在水族馆以北24千米河口处的埃尔克霍恩河湾与她汇合，第一站是希尔河弯（见右图）。埃斯皮诺萨架起装有无线电天线/接收器的观测镜，把它对准主河道中的一群海獭。很快，接收器开始哔哔作响。"这是3421号，"她说，"是一只未成年的雌性。"为了确认"重捕"[①]结果，我们用望远镜盯着寻找用颜色编码的独一无二的脚蹼标记（这种标记不会破坏海獭的皮毛）。很快，我们就见到了一只脚蹼上有两个黄色标记的海獭。搞错了。"是黄绿色。"埃斯皮诺萨纠正道。两个黄绿色标记指的是3539号，一只成年雌性，她触发的哔哔声响亮而稳定。当海獭沉入水下觅食时，哔哔声便会停止。"听起来她正在休息。"埃斯皮诺萨边说边把行为记录在表格上。

这片河湾中有26只海獭身上有标记，不包括从海湾迁徙过来的和水族馆放归的海獭。那天上午，我们在希尔河弯看到了3只。我们放弃在那里寻找3421号，继续往上游走去。在扬帕岛，我们找到了数十只海獭妈妈、小海獭和占有领地的雄海獭，就是没有找到3421号。最后，我们在阿维拉找到了她。当时在场的还有罗伯特·斯科尔斯（Robert Scoles）和罗恩·伊比（Ron Eby），两人都是从一开始就负责这项研究的公民科学家。

10年前，水族馆志愿者斯科尔斯开始在通勤回家路上注意到不寻常的情况。他走在莫斯兰丁港的桥上，看见海滩上有海獭的踪迹。科学家们都知道海獭会上岸活动以节省能量，但斯科尔斯从未亲眼见过。他和退休的海军军官伊比一起开始每天监视海獭，计数并记录它们的觅食习性。经过两年的积累，他们获得了坚实的数据。"这片河湾为海獭提供了理想的生活环境。"伊比说。与海湾里的海獭相比，生活在河湾的海獭"觅食更不费劲，休息得更多，不用潜入深水，也不用和海浪斗争"。在他们观测结果的启发下，廷克于2013年启动了一项研究，正是这项研究改变了他的海獭保护方案。

数年来，人们一直像对待其他海洋哺乳动物一样对待海獭，把它们当作一个移动的、均质的大群体。"事实证明，用这种方式看待海獭种群实在是大错特错。"廷克说。繁殖期的雌性海獭终日局限在小区域内活动，这意味着保护措施也必须局域化。比如说，保护海湾里的海草床对河湾里的海獭并无帮助。廷克解释道："我们之前一直没有意识到，海獭并不只在河口外的海岸捕食，只不过毛皮贸易兴起之后，在任何一条河的河口内都再难见到海獭了。"

夏天，有些海獭会从蒙特雷湾迁徙到河湾来交配，而定居在河口的海獭从不离开。对廷克来说，河口的海獭和外海的海獭，就像城里的老鼠和乡下的老鼠[②]一样大不相同。凭借埃斯皮诺萨和志愿者斯科尔斯、伊比尽力收集来的数据，如今我们已经清楚地知道，河口的海獭吃双壳贝类、螃蟹和螺，在海草床中休息，而外海的海獭潜水取食海胆和鲍鱼，在海带森林中休息。"如果你五年前来问我，"廷克说，"我们还不知道这些事实。"

① resight，mark-resight是一种类似标记重捕法的种群估算方法，也译为标记再观察法。——译者注

② 参考《伊索寓言》中《城里老鼠和乡下老鼠》的故事。——译者注

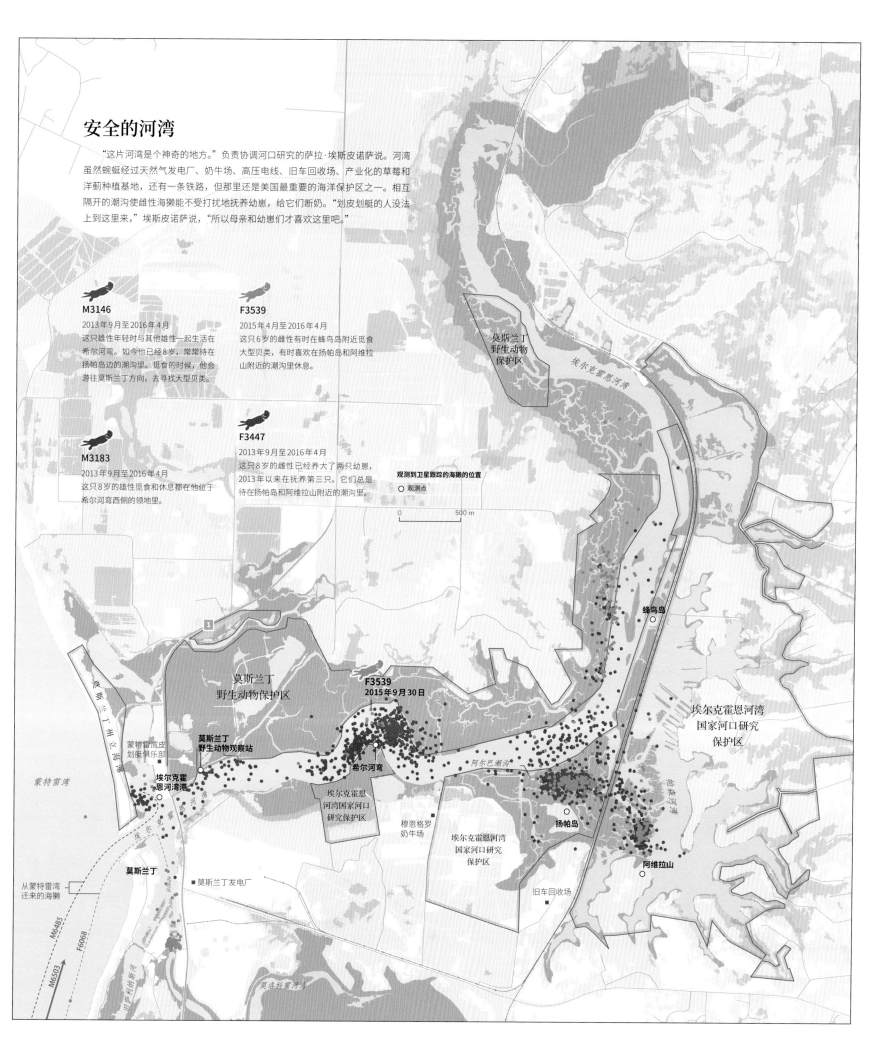

安全的河湾

"这片河湾是个神奇的地方。"负责协调河口研究的萨拉·埃斯皮诺萨说。河湾虽然蜿蜒经过天然气发电厂、奶牛场、高压电线、旧车回收场、产业化的草莓和洋蓟种植基地,还有一条铁路,但那里还是美国最重要的海洋保护区之一。相互隔开的潮沟使雌性海獭能不受打扰地抚养幼崽,给它们断奶。"划皮划艇的人没法上到这里来,"埃斯皮诺萨说,"所以母亲和幼崽们才喜欢这里吧。"

M3146

2013年9月至2016年4月

这只雄性年轻时与其他雄性一起生活在希尔河弯。如今他已经8岁,常常待在扬帕岛边的潮沟里。觅食的时候,他会游往莫斯兰丁方向,去寻找大型贝类。

F3539

2015年4月至2016年4月

这只6岁的雌性有时在蜂鸟岛附近觅食大型贝类,有时喜欢在扬帕岛和阿维拉山附近的潮沟里休息。

M3183

2013年9月至2016年4月

这只8岁的雄性觅食和休息都在他位于希尔河弯西侧的领地里。

F3447

2013年9月至2016年4月

这只8岁的雌性已经养大了两只幼崽,2013年以来在抚养第三只。它们总是待在扬帕岛和阿维拉山附近的潮沟里。

观测到卫星跟踪的海獭的位置
○ 观测点

|_____|_____|
0   500 m

莫斯兰丁野生动物保护区

埃尔克霍恩河湾

莫斯兰丁野生动物保护区

莫斯兰丁野生动物观察站

蒙特雷湾皮划艇俱乐部

埃尔克霍恩河湾港

F3539
2015年9月30日

希尔河弯

阿尔巴潮沟

蜂鸟岛

埃尔克霍恩河湾国家河口研究保护区

埃尔克霍恩河湾国家河口研究保护区

蒙特雷湾

埃尔克霍恩河湾国家河口研究保护区

穆恩格罗奶牛场

扬帕岛

阿维拉山

旧车回收场

从蒙特雷湾迁来的海獭

莫斯兰丁

莫斯兰丁发电厂

M6485
F6068
M6503

莫洛科霍河湾

奥泽番茄酱

奥鲁昆

最好别动鳄鱼

在澳大利亚，死于鳄鱼之口的人平均每年不到一个。但对史蒂夫·欧文野生动物保护区的研究主管克雷格·富兰克林来说，一个都已经太多："每次有人被咬，我都非常担心。"

富兰克林和他的团队研究湾鳄的生理学和移动规律，也就是说，乘汽艇溯河而上，与鳄鱼斗智斗勇，给它们装跟踪器。他们希望人们能够明白，鳄鱼并不是有意伤人的。这正是追踪技术能派上用场的时候，富兰克林承认这个大数据的时代需要新技术："我自己是搞不定的，所以我请来了能搞定的人。"

罗斯·德怀尔就是能搞定新技术的人之一。他追踪过包括袋鼠和鹤鸵在内的各种动物。"我们几乎给每只一米以上的鳄鱼都装了跟踪器。"他说。成年鳄鱼可分为三类：只在筑巢产卵时才移动的雌性；四处流浪寻找可占领地盘的较小雄性；还有已经有了自己领地的较大雄性。据德怀尔观察，这些占有领地的雄性都长过3.5米，并且很不喜欢有小家伙在周围晃悠。据他介绍，那些较小的雄性"在河里被打得屁滚尿流"。所以它们会去寻找新的栖息地，也就比较容易被人看到。

人们一旦发现这些"问题动物"，通常都会重新安置它们。但富兰克林指出，四处流浪寻找领地的并不是杀人的鳄鱼；占有领地的鳄鱼才会杀人。另外，移走鳄鱼并没有用。看看地图上韦尔登（Weldon）的轨迹（红色）吧，这条4.4米长的雄性鳄鱼被送走后又回到了最开始待的地方。把原本移动自如的鳄鱼移走，只会让它们更快地游回去，并且游得越快就越容易被人发现，如此循环往复。如今，这样的鳄鱼会被捕杀或送去圈养。对此，富兰克林建议采取另一种方法：警告公众小心大型鳄鱼，至于较小的鳄鱼，就随它们去吧。

恩布利河

科恩

81

岭

水

分

大

奥泽番茄酱 （OzESauce）
2014—2016
这条3.5米长的雄性鳄鱼是典型的流浪者，他离开文洛克河，沿着海岸向南来到遥远的肯德尔河寻求领地。

JK
2015—2016
这条2.9米长的雌性有两块小领地：位于文洛克河下游的旱季领地和更下游的雨季产卵地。

大邓（Big Dunc）
2015—2016
这只"鳄鱼大佬"身长达4.6米，可谓所向无敌。他在文洛克河口守卫着自己的地盘，赶走像小蒂姆这样较小的雄性。

小蒂姆（Tiny Tim）
2014—2016
这条3.6米长的雄性鳄鱼并没有离开文洛克河，而是在上游开拓了自己的领地，河流在那里变得像小溪一样窄。

韦尔登（Weldon）
2004—2005
这条鳄鱼的经历证明，试图把它们移走纯属徒劳。研究人员把他放到半岛东面后，他在坦普尔湾闲逛了3个月，随后在20天内游了400千米，一路游回文洛克河。

杜伊夫根角

信天翁湾

圭帕

81

2005年1月2日

马蓬 卡伦角

大邓

JK

棕榈溪

12月19日

文洛克河

弗利里亚角

史蒂夫·欧文
野生动物保护区

威尔士亲王岛

小蒂姆

半 岛

巴马加

波塞申岛
国家公园

12月14日

约克角

贾丁河国家公园

12月13日

直升机将韦尔
登运送到坦普
尔湾

奥尔巴尼岛

纽卡斯尔湾

角

12月8日

奥福德湾

克

谢尔本湾

湾鳄的GPS轨迹
2004—2016

0   20 km

韦尔登

2004年8月17日

11月14日

肯尼迪河

北 →

10月16日

亨特湾

坦普尔湾

12月4日

格伦维尔角

铁山国家公园
（约克角半岛原住民所有地）

海
大
堡
礁

放大的区域

洋

公

园

澳大利亚

珊 瑚 海

★ 堪培拉

来源：昆士兰大学，克雷格·富兰克林和罗斯·德怀尔；GEBCO；MODIS；昆土兰州

开始　0秒

游动

开启紫外光源
33秒

开始

33秒

下沉

实验开始时，在完全黑暗的11升水缸中，这些溞都在水面附近游动。

460 mm　400　300　100　50　0　100

● 一真实尺寸

逃避亮光
的浮游动物

每天晚上，全世界的海洋、湖泊和河流中，都有亿万只微小的浮游动物从深处浮上水面，觅食浮游植物。从生物量来看，这无疑是地球上规模最大的迁徙。天一亮，它们又会往回，海龟和鲸找到自己之前全体返回，沉入黑暗的深水。科学家多年前就已经知道存在这种"昼夜垂直迁移"。到了2013年，瑞士隆德大学的一群研究人员结合生物、化学和物理的方法来追踪，展现出其中精巧的细节。

他们选择大型溞（Daphnia magna）作为实验对象。这是一种身体透明、体长不足两毫米的淡水甲壳动物。即使用最小的电子设备，也不可能装在这么小的动物身上。因此科学家给它们涂上了荧光纳米粒子，就是外科医生有时用来定位肿瘤细胞的东西。在特殊的光照下，这些"量子点"（quantum dots）①会发出颜色鲜明的荧光。摄像机就可以拍下它们在黑暗水缸里发光的踪迹。这里我们按真实尺度，展示了两只对阳光敏感的溞的活动轨迹。

① 量子点是纳米化学界很常用的说法，指一种纳米级别的半导体，会在一定的电场或光照下发出荧光。荧光的颜色与纳米粒子的尺寸有关。——译者注

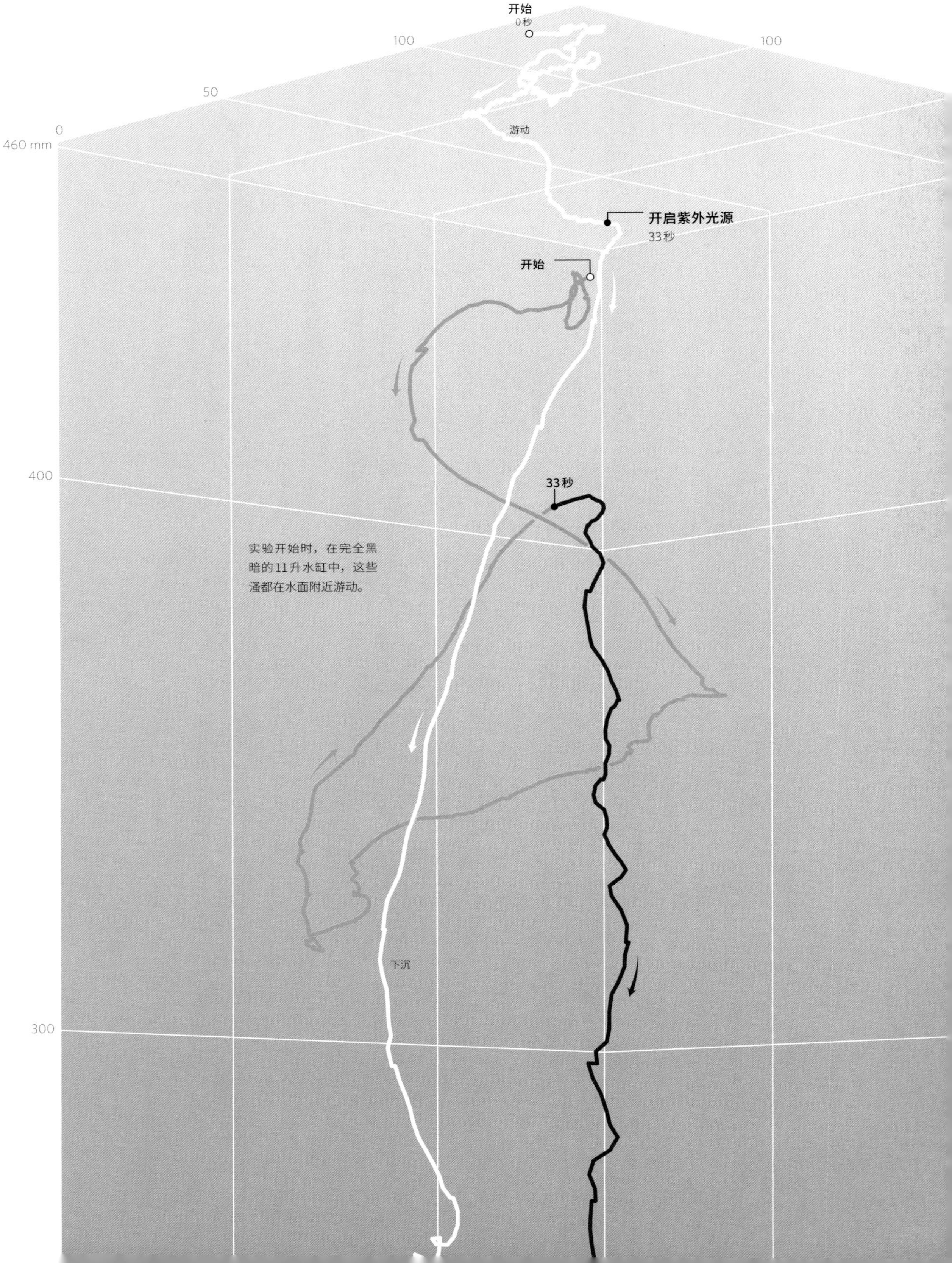

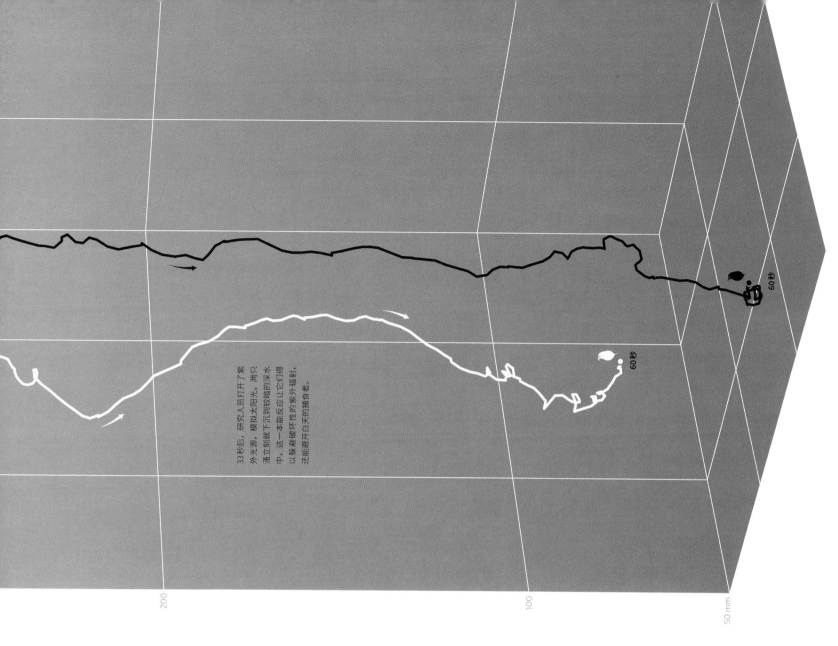

50 mm

100

200

60秒

60秒

33秒后，研究人员打开了紫外光源，模拟太阳光。两只水母居然是迎迎活跃的捕食者。一天内，这只水母在水里上下游动，寻觅蜇刺的猎物，垂直速度可达每分钟一米。

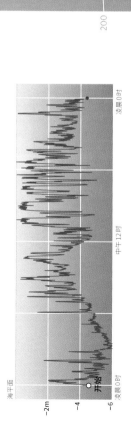

海平面

−2m

−4

−6

凌晨0时   中午12时   凌晨0时

开始0时

追踪水母

还有什么不能追踪的动物吗？2008年9月至2009年间，澳大利亚迪肯大学的格雷姆·海斯（Graeme Hays）把深度记录仪绑在72只水母的胶状身体中间。结果发现，水母居然是迎迎活跃的捕食者。一天内，这只水母沉到到较暗的深水中，这一本能反应让它们得以躲避破坏性的紫外辐射，还能避开白天的捕食者。

来源：米卡埃尔·埃克瓦尔，隆德大学（藻）；格雷姆·海斯，迪肯大学（水母）

第三部

当黑鹂飞出视野，
便成为众多圆圈之一的边缘。

————华莱士·史蒂文斯(Wallace Stevens)[1]

① 选自美国诗人华莱士·史蒂文斯的《看黑鹂的十三种方式》。——译者注

透过更广的镜头观鸟

"可以这么说，研究大量冷冰冰的统计数据是一回事，亲眼见到鸟群在你面前川流不息地经过完全是另一回事。"英国鸟类学家威廉·伊格尔·克拉克（William Eagle Clarke）在一个多世纪以前写道，当时他正试图在地图上描绘不同季节里鸟类的去留往来。这项工作十分艰辛。为了清楚了解过境的候鸟，克拉克在偏远的苏格兰小岛度过了61周，就待在灯塔里，或者泰晤士河口外停泊的灯塔船上。由于许多鸟类在夜晚迁徙，所以不得不怀疑他是不是晚上也不睡觉。

在1912年出版的两卷本《鸟类迁徙研究》（*Studies in Bird Migration*）中，克拉克发问：为什么它们要离开故土，踏上充满艰难险阻的漫长旅途？它们怎么认路？对迁徙的鸟类来说，这种习性有好处吗？克拉克是爱丁堡苏格兰皇家博物馆的自然类策展人，他当时把这些问题列为"动物界中最大的谜题"。要是他听说

人们至今仍在寻找答案，一定不会惊讶。

本章中有许多研究利用追踪技术提升了我们对鸟类行为的认识。然而，直接观察仍然是鸟类学的根基。几个世纪以来，观鸟者都会记录他们在自家后院或旅途中见到或听到的鸟。20世纪90年代，康奈尔鸟类实验室的信息科学家史蒂夫·克林开始设想，或许有朝一日，观鸟者可以在网上分享他们的记录。

自1915年由鸟类学家、康奈尔校友阿瑟·艾伦（Arthur Allen）创立以来，这间实验室一直走在时代前沿。艾伦和他的同事在1929年录制了第一批野生鸟类录音，至今仍然可以听到。这些录音和自那以后的成千上万份录音一起保存在麦考利图书馆，那里有世界上最大的野生动物声音库。2003年，实验室搬到了新的主校区，新校区掩映在啄木鸟森林（Sapsucker Woods）中，这是一片位于纽约州伊萨卡以北一座山丘

上面积为93公顷的保护区。克林在大厅接待了我们。他给我们看的第一样东西就是漂泊信天翁的等身画像，大厅里的巨幅"鸟墙"上共画有269种鸟类。楼上的开放式办公室令人不禁感到：建筑师把实验室打造得不像有百年历史的古老学院，倒像21世纪的创新中心。

克林把我们领进一间会议室，透过占满整面墙的窗户可以俯瞰啄木鸟池塘（Sapsucker Pond）。"看见那棵死去的大树了吗？"他问道，"那棵树很有名。60年代，阿瑟·艾伦在那里拍到过一只矛隼。我记得在树上见过西王霸鹟、红头啄木鸟、小蓝鹭。长此以往，在那棵树上看到的罕见鸟种可能比其他任何地方的都多，主要是因为这里有几百个观鸟人一天到晚盯着它。"

这种策略直接来自硅谷。相比于试图说服人们帮助科学家，伍德更想为观鸟者创造工具。他想让eBird变得更好玩。

1997年，克林和奥杜邦学会合作创建了名为"后院数鸟"（Great Backyard Bird Count）的公民科学项目，他们当时的想法是在2月的一个长周末里，让美国各地的人们出门看鸟，数一数在至少15分钟内发现的鸟类物种和数量，然后把清单上传到项目网站。克林永远不会忘记1998年第一次数鸟的场景。"我们当时在活动房里工作，"他指着池塘对面的一丛树木说，"服务器就接入校园的半吊子系统，数鸟活动的最后一天，我们从大学里得到了前所未有的大量数据。我们也就意识到，人们真的会参与这样的活动。"截至第一次周末数鸟活动结束，美国各地的观鸟者共计提交了15,000份清单，对早期互联网来说这无疑是个巨大的数字。但

克林并不满足，他想把周末数鸟活动推广成全年的项目。他向美国国家科学基金会申请资助——但第一次被拒绝了。"他们没有看到这一项目的价值，因为我们的申请写得不好，"他说，"第二次申请的时候，我们得到了250万美元，让我们得以创建eBird这个项目。"15年过去了，eBird已成为世界上最成功的公民科学项目。截至2016年6月，全球用户已经上传了3.33亿条记录。仅2016年5月，他们报告的鸟类目击次数（1,180万次）就比eBird最初6年收到的总数还多。再过不久，记录总数就会达到5亿（见118页）。

看到eBird如今的成功，你会很惊讶它当初没有一炮打响。"我们当初吹得天花乱坠，你懂的，比如说eBird将改变世界之类的。"克林回忆道，"然后我们在2002年秋季发布了eBird，却没人参与——好吧，只有很少人参与。项目开始的前三年，我们实际上并没有看到什么增长。"后院数鸟活动每年都在发展壮大，eBird却停滞不前。克林和康奈尔的整个团队都一筹莫展。反对者坚持认为，向eBird提交数据难度太高。于是在2006年，实验室重组了团队，雇用了观鸟群体中的两位杰出成员：克赖斯特·伍德和布赖恩·沙利文（Brian Sullivan）。两人分别给全实验室做了报告，提出的建议都一样直截了当："不能再把eBird看作公民科学项目。"

早期，许多观鸟者都会去用一次这个网站，但很少再回来。为了让他们持续参与，伍德建议实验室从看鸟、做记录等观鸟者已经在做的事情入手，帮他们做得更好。这种策略直接来自硅谷。相比于试图说服人们帮助科学家，伍德更想为观鸟者创造工具。他想让eBird

ROUTES TRAVERSED BY MIGRATORY BIRDS
After Prof. Palmen, Dr Menzbier and W. Eagle Clarke

Plate II

威廉·伊格尔·克拉克把这张地图放在"从地理视角看英国鸟类迁徙"的章节中。他在章节末尾处写下的断言如今看来尤其有先见之明:"细节必须留给当地的观察者来补充——只有他们才有机会获得必要的专门知识。"

变得更好玩。如果有足够多的数据涌入,保护和研究工作就可以跟上。但最开始阶段,需要的是用户。

"我的eBird"(My eBird)于2006年9月投入使用。几乎一夜之间,这个网站就从一个让人花时间做志愿服务的地方,变成了供人们分享和炫耀的所在。观鸟者原本就是很有竞争意识的群体,这下他们突然有了把个人鸟种记录和别人进行比较的机会。发现罕见鸟种、清单上鸟种较多或质量较高的观鸟者,都能马上

得到嘉奖。排行榜上很快就填满了争当地区榜首的严肃观鸟者,eBird的博客还会评出"月度最佳观鸟人"的荣誉称号。"这很快就成了人们为之自豪的资本,"克林说,"如今,大家会把'eBird观鸟榜第五名'写到电子邮件签名里。"

要是用户把小加拿大雁错认成加拿大雁怎么办?这样的目击记录会被研究采用吗?如果人们恶作剧提交错误记录怎么办?我们问起伦敦公园里的斑头

雁，它们的自然栖息地远在数千公里外的亚洲（见第134～135页）。eBird的工作人员伊恩·戴维斯在笔记本电脑上调出这条记录，点击显示该记录下发生过的所有操作。他指出："一开始，自动的数据质量过滤系统会把斑头雁的记录标记为待确认，但之后，我们的审核员接手确认了目击记录，证实这是引入的外来物种。"eBird在全世界有超过1,400名可靠的专家，他们都自愿花时间来检查可疑的记录。但审核员怎么知道伦敦的斑头雁是有效记录呢？"这是结合已有的知识和当地专家的意见来判断的，"戴维斯说，"不过最好的办法还是通过照片或录音，这些是确凿无疑的目击证据。"2015年11月，eBird引入了在清单中附加多媒体附件的功能。自那以后，用户已经上传了1,125,000幅图像。讲到这里，克林欣喜地笑了。"世界上一共有10,000种鸟，我们5个月就记录到了8,000种。"

在与eBird团队几小时的相处中，我们已经很清楚地认识到，他们每天的工作并不仅仅是管理一个产品。他们自己就是产品的顶尖用户。（伍德目前在清单排行榜上稳居第17位；克林在28位。）"通过用户提交的数据，我们基本就能看出观鸟水平的高低。我们也会在模型中考虑这个因素，以提高用于分析的数据质量。""什么样叫观鸟水平低？"我们问道。克林毫不迟疑地回答道："就是你在一个地方站了一个小时，却只看到一只鸽子。"

和实验室团队告别后，我们在啄木鸟森林中散步，消化刚刚得知的一切。在这片保护区中已经记录到超过200种鸟类，所以尽管我们没什么经验，也还是满怀信心能看到不止一只鸽子。此外，我们还下载了康奈

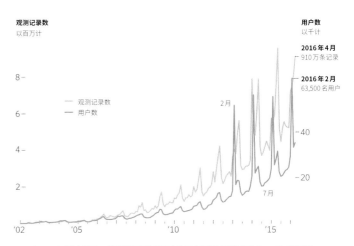

2006年，eBird改变策略，使观测记录数和用户数至今仍呈持续增长势头。eBird的活跃程度以年为周期变化。每年2月，用户数量会在"后院数鸟"活动中达到峰值。观测记录数则在整个春天都保持较高水平，这段时间候鸟正从热带飞回来。到了7月，鸟类开始营巢繁殖，变得不那么活跃，观鸟的参与度也随之下降。秋季迁徙一开始，eBird便又重新活跃起来。

尔的鸟类识别软件（Merlin Bird ID app）。这个软件用eBird数据帮助人们识别发现的鸟类。如此一来，就完成了一个循环：eBird的数据越多，软件就越好用，就越能激励更多观鸟者，而每次观鸟者成功用软件识别鸟类，eBird都能收集到更多数据。整个过程只需要回答五道多选题：

这只鸟是在哪里看到的？啄木鸟森林。

什么时候看到的？ 4月7日。

这只鸟有多大？ 和旅鸽差不多大。

主要是什么颜色？ 在1到3之间选择。黑色和红色/红褐色。

这只鸟在干什么？停在树林或灌丛中。

软件生成了一张结果列表，每个结果都附有一张大幅照片。第一个就是我们看到的鸟：红翅黑鹂，1911年阿瑟·艾伦的博士论文写的正是这种鸟。要是一年前在树林里看到这样一只鸟，我们根本不会细想。而现在，即使对旅鸫和麻雀之类的常见鸟类，我们都满怀求知欲。

数周过后，狂热的莺类爱好者亨利·斯特列比（来自托莱多大学）鼓励我们参加"美国观鸟大周"（Biggest Week in American Birding）的活动，也叫"莺大杂烩"（Warblerstock）。这个在伊利湖西南岸举办的节日持续10天，每年5月都会吸引约两千名观鸟者参与。活动内容包括工作坊、生态导览、卡拉OK之夜，还有鸟人舞会，但大部分观鸟者的主要目的还是为了找从热带飞来的鸣禽（其中有多达37种莺），这些鸟每年在伊利湖畔稍做停歇，然后继续前往加拿大的夏季觅食地。斯特列比向我们保证，鸟会"多到从树上掉下来"。他还真没开玩笑。一千米长的木栈道我们竟花了四个小时才走完，因为每走几步就会看到一闪而过的颜色：橙尾鸲莺、黑喉绿林莺、黑喉蓝林莺、北美黄林莺，以及胸前的颜色像龙舌兰日出鸡尾酒①的橙胸林莺等。我们还瞥见了黑黄相间的纹胸林莺，只一眼就已十分满足——我们那时已经知道自己要绘制它的迁徙地图。也是在那个时候，我们真正明白了eBird的力量：第一，它让我们来到户外看鸟；第二，在软件上识别鸟类的同时，我们也贡献了数据，之后我们绘制分布图时用的正是这些数据。克林的团队找到了一种方法，可以

从全世界像我们这样的观鸟初学者手中拿到数据，而不是完全依赖数量有限的专业人士。

同样是研究迁徙模式，威廉·伊格尔·克拉克只有一双眼睛，克林目前却拥有320,000双，并且还在不断增加。可想而知，许多eBird用户会提交他们住所或工作地点附近的记录。如果不另加处理，所有目击记录的分布图就会长得像城镇分布图。对此，克林团队的做法是把观测数据与土地覆盖、人口密度、海拔和气候分布图结合，识别出每种鸟类在不同季节偏好的栖息地。例如，通过观鸟记录数据足以看出，6月，纹胸林莺喜欢待在有很多云杉的地方。对于没有观鸟记录的地区，eBird的算法会在其中寻找环境相似的地方，假定纹胸林莺也会在这些地方出现，以此帮助填补观鸟记录的空白。这种方法使人们第一次得以追踪任何一种动物整个物种的行踪。

最繁忙的一条迁飞路线要经过欧亚非三块大陆交汇处的以色列。每年两次，约5亿只候鸟经过这一狭窄的空域，不仅使飞行员身陷险境，鸟类自身更会面临死亡的威胁。1972年到1982年间，以色列空军（Israeli Air Force，IAF）因为与鸟类相撞而失去了5架飞机。

以色列空军当时就知道鸟类迁徙的大致路线和时间，但还是无法预测某一具体时间地点的鸟撞风险。20世纪80年代初，特拉维夫大学（Tel Aviv University）的两位研究人员有了主意：如果能改装雷达站来看鸟类的位置和移动方向，是不是就可以了？约西·莱谢姆因为博士课题需要，就说服以色列空军买了两台雷达，分别用于扫描以色列北部和南部的天空。至于中部，他的同事列昂尼德·迪内维奇（Leonid Dinevich）

---

① Tequila-Sunrise，颜色来自橙汁和红石榴糖浆。——译者注

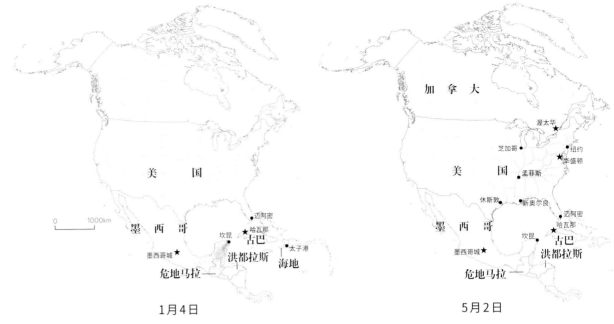

不同季节的
鸟类分布

康奈尔鸟类学实验室的科学家创建了模型，从eBird的观测记录来推算整个物种的分布随时间的推移如何移动。换句话说，这些分布图并不是显示原始观测数据，而是预测在某一地点，如果早上7点到8点去观鸟，走上至少一公里后能看见多少只某种鸟类。

eBird创始人史蒂夫·克林说："eBird最大的贡献是提供了一种研究方法，通过收集数据、将其可视化并进行分析，来研究一个物种所有种群在全部分布范围内全年的情况——而且还能持续多年观察。此前从来没有人能做到这一点。"

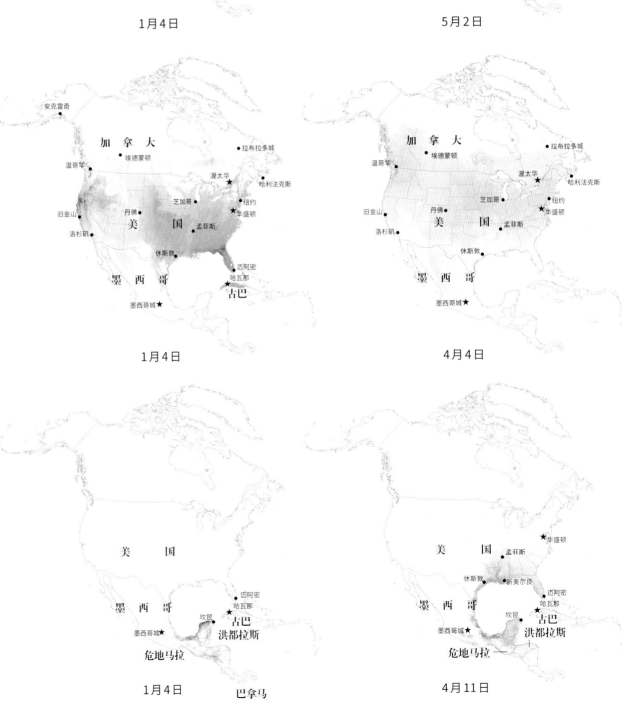

1月4日

5月2日

1月4日

4月4日

1月4日

4月11日

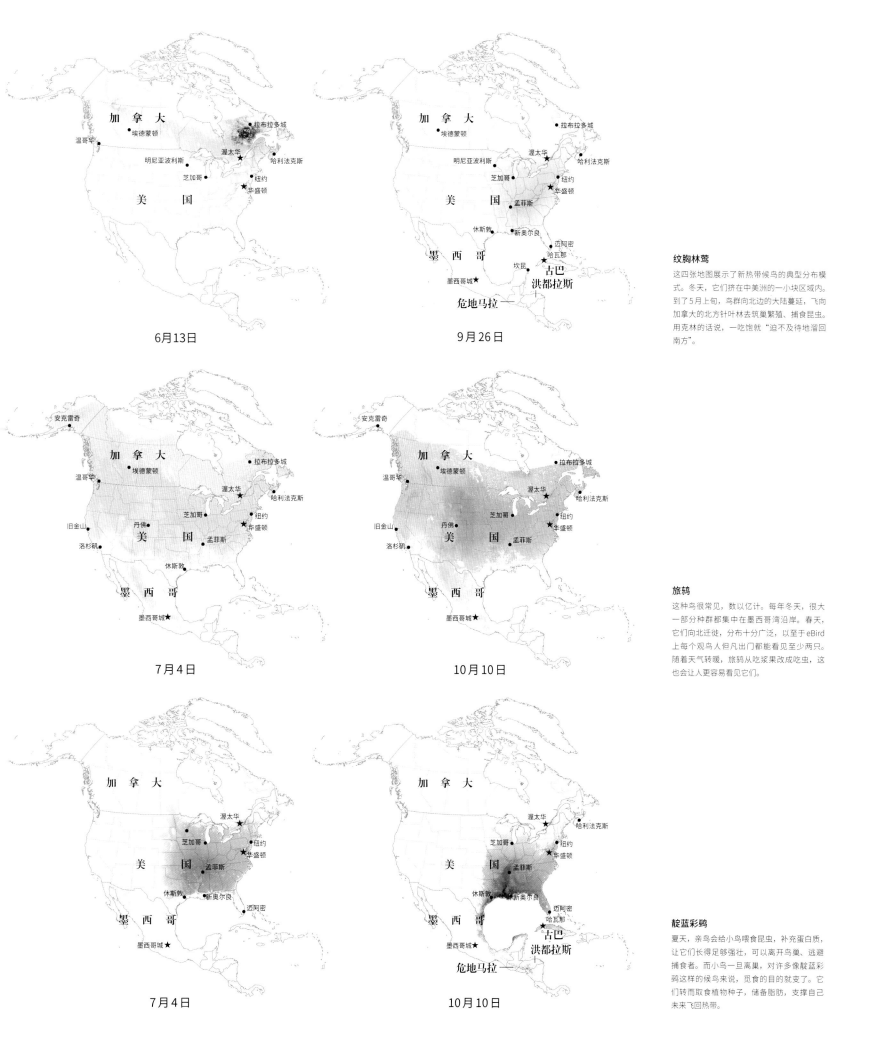

6月13日

9月26日

纹胸林莺

这四张地图展示了新热带候鸟的典型分布模式。冬天，它们挤在中美洲的一小块区域内。到了5月上旬，鸟群向北边的大陆蔓延，飞向加拿大的北方针叶林去筑巢繁殖、捕食昆虫。用克林的话说，一吃饱就"迫不及待地溜回南方"。

7月4日

10月10日

旅鸫

这种鸟很常见，数以亿计。每年冬天，很大一部分种群都集中在墨西哥湾沿岸。春天，它们向北迁徙，分布十分广泛，以至于eBird上每个观鸟人但凡出门都能看见至少两只。随着天气转暖，旅鸫从吃浆果改成吃虫，这也会让人更容易看见它们。

7月4日

10月10日

靛蓝彩鹀

夏天，亲鸟会给小鸟喂食昆虫，补充蛋白质，让它们长得足够强壮，可以离开鸟巢、逃避捕食者。而小鸟一旦离巢，对许多像靛蓝彩鹀这样的候鸟来说，觅食的目的就变了。它们转而取食植物种子，储备脂肪，支撑自己未来飞回热带。

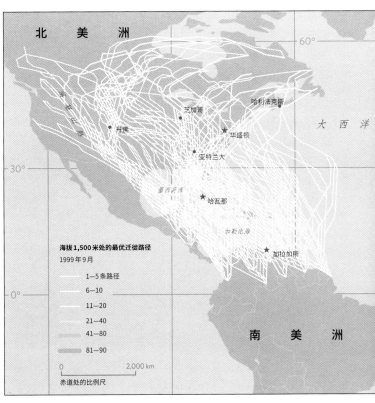

海拔 1,500 米处的最优迁徙路径
1999 年 9 月

1—5 条路径
6—10
11—20
21—40
41—80
81—90

0　　　　　　2,000 km
赤道处的比例尺

全球迁飞路线

　　研究人员汇集了 21 年的风力数据，发现对迁徙的鸟来说，顺着有利的风向飞行，即使这样飞行的距离更长，也会更快到达，因而也就更加节省能量。在这一系列图中，我们根据 1999 年 9 月 2 日至 7 日的风力条件，标出了一只鸟从瑞典飞到南苏丹的最优路线。红线表示空间上的最短路径。

来源：康斯坦茨大学，巴特·卡兰斯托贝尔

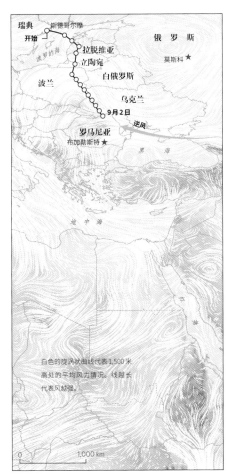

白色的旋涡状曲线代表 1,500 米高处的平均风力情况。线越长代表风越强。

1999 年 9 月 2 日

9 月 3 日

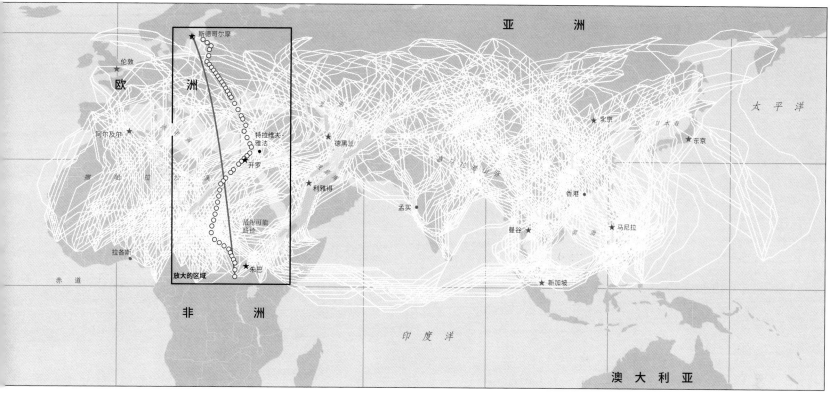

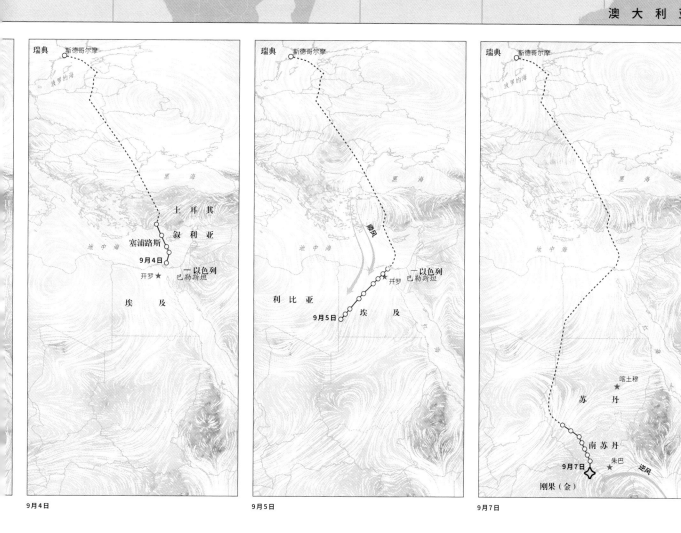

9月4日

9月5日

9月7日

从俄罗斯带来一台天气雷达，着手改装，用来探测鸟类。

如果全世界的机场都装上鸟类探测雷达并连接在一起，那么无须给鸟装跟踪器，就能实时监测鸟类的跨洲迁徙。

雷达站发射无线电波，对周围进行360度扫描。任何把电波反射回来的物体都会在屏幕上显示出来，不论是云、建筑、山丘、树木、飞机、昆虫还是鸟。迪内维奇和由国防部出资建立的科学家团队写了一个算法，把鸟类信号从噪声中分离出来。办法非常简单。大部分雷达"杂波"都是静止的，迁徙的鸟类却在移动。把前后几张雷达扫描图像放在一起，就能看出哪些物体移动了，然后把那些没动的信号排除。再把移动的物体按照移动速度和方向进行分类，就更加清楚了。比如，迁徙的鸟类一般以每小时60到80千米的速度飞行，研究人员就把以这样的速度直线行进的物体看作一只鸟。匀速直线飞行的鸟是迁徙的鸣禽；速度相对稳定的是鸭子或鹈鹕一类的水鸟；速度在变化的则通常是鹰或白鹳等体形较大的鸟（见第144～145页），对飞机造成的破坏也最大。

这些细节对鸟类学家来说很有用，不过飞行员只需要知道是否能安全飞行就可以了。运用这一算法，以色列中部的改装雷达站能够探测到100千米以外的一只白鹳，或者探测到25千米外一只麻雀大小的鸟在夜间迁徙。最重要的是，它还能不分日夜地显示某一时刻迁徙鸟类的密度。如果数值达到不安全水平，空中交通管制员就可以将起飞时间推迟到鸟类通过之后，或者指示飞行员向其他方向起飞。而且，由于扫描、分析、绘制和传输数据的过程只需不到30分钟，可想而知，管制员几乎能持续得知空中的情况。自1984年该技术在以色列空军投入使用以来，以色列的鸟撞总数已经下降了76%。

目前，美国有三座民用机场正在测试这项技术：西雅图－塔科马国际机场、达拉斯－沃思堡国际机场和芝加哥的奥黑尔国际机场。迪内维奇和莱谢姆还希望继续推广。如果全世界的机场都装上鸟类探测雷达并连接成一个全球网络，那么不仅可以减少鸟撞、拯救生命，还能实时监测鸟类的跨洲迁徙，无须给鸟装跟踪器，更不需要在灯塔过夜。

詹姆斯·切希尔、奥利弗·乌贝蒂

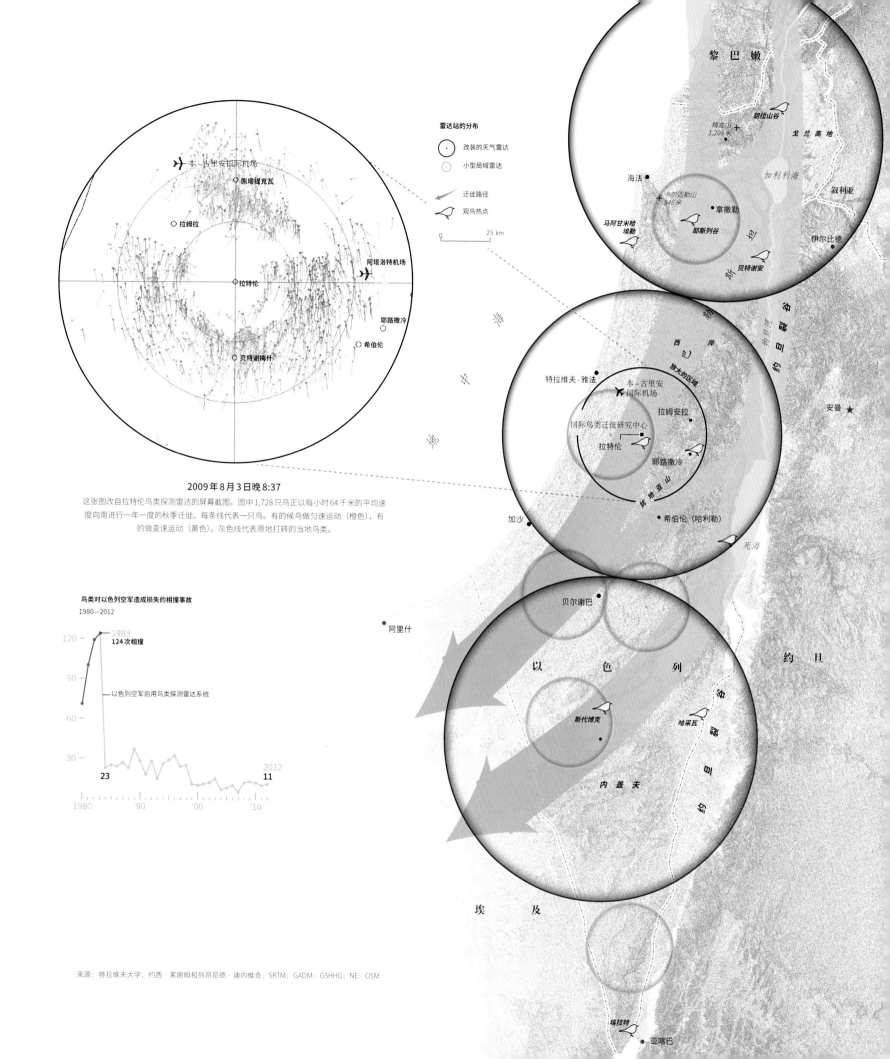

雷达站的分布

⊙ 改装的天气雷达

⊙ 小型局域雷达

迁徙路径

🐦 观鸟热点

├────┤ 25 km

2009年8月3日晚8:37

这张图改自拉特伦鸟类探测雷达的屏幕截图，图中1,728只鸟正以每小时64千米的平均速度向南进行一年一度的秋季迁徙。每条线代表一只鸟。有的候鸟做匀速运动（橙色），有的做变速运动（黄色）。灰色线代表原地打转的当地鸟类。

鸟类对以色列空军造成损失的相撞事故

1980—2012

```
120 ─        ⌐ 1983
              124 次相撞
 90 ─
              ← 以色列空军启用鸟类探测雷达系统
 60 ─
 30 ─
              23                              11
              ─────────────────────────────────
     1980      '90      '00      '10
```

来源：特拉维夫大学，约西·莱谢姆和列昂尼德·迪内维奇；SRTM；GADM；GSHHG；NE；OSM

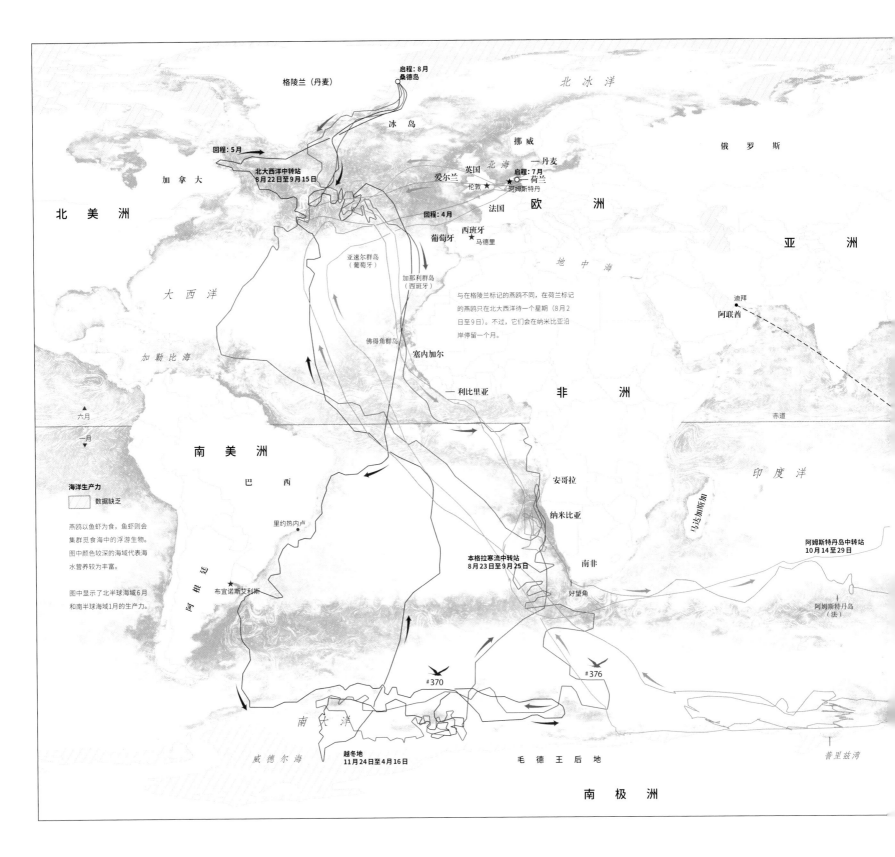

启程：8月
桑德岛

格陵兰（丹麦）

北 冰 洋

冰 岛

挪 威

俄 罗 斯

回程：5月

北大西洋中转站
8月22日至9月15日

英国 北 海 丹麦

加拿大

爱尔兰

伦敦 ★ ★ 荷兰
阿姆斯特丹

启程：7月
荷兰

法国 欧 洲

北 美 洲

亚 洲

葡萄牙

西班牙

马德里

地 中 海

迪拜

回程：4月

阿联酋

大 西 洋

亚速尔群岛
（葡萄牙）

加那利群岛
（西班牙）

与在格陵兰标记的燕鸥不同，在荷兰标记
的燕鸥只在北大西洋待一个星期（8月2
日至9日）。不过，它们会在纳米比亚沿
岸停留一个月。

加 勒 比 海

佛得角群岛

塞内加尔

利比里亚

非 洲

六月

一月

赤道

印 度 洋

南 美 洲

巴 西

里约热内卢

安哥拉

纳米比亚

马
达
加
斯
加

阿姆斯特丹岛中转站
10月14日至29日

燕鸥以鱼虾为食，鱼虾则会
集群觅食海中的浮游生物。
图中颜色较深的海域代表海
水营养较为丰富。

图中显示了北半球海域6月
和南半球海域1月的生产力。

阿
根
廷

布宜诺斯艾利斯

南非

本格拉寒流中转站
8月23日至9月25日

好望角

阿姆斯特丹岛
（法）

海洋生产力

数据缺乏

#370

#376

南 大 洋

越冬地
11月24日至4月16日

威德尔海

毛 德 王 后 地

南 极 洲

普
里
兹
湾

创纪录的飞行路线

图中展示了4只北极燕鸥的飞行路线，其中在格陵兰和荷兰标记的各有2只。4只鸟都在北大西洋一处之前未知的"中转站"停下来觅食，那里是富含营养物质的冷水团与较贫瘠的海水交汇的地方。补充能量后，它们就往非洲飞去。在佛得角以南，其中一只来自格陵兰的燕鸥（#370）跨越大西洋去了巴西，剩下3只沿着非洲海岸飞到本格拉寒流中的一处觅食地。最终，艾格凡的燕鸥会飞到威德尔海去过冬。法因的燕鸥则转向东边，途经好望角，在印度洋稍做停歇，然后一直飞到澳大利亚。这两组鸟南飞的旅程都花了3～4个月。回程呢？大约40天就赶回家了。

4只北极燕鸥的感光记录器轨迹

格陵兰
2007年8月至2008年6月

荷兰
2011年7月至2012年4月

0　　　　　　2,000 km
赤道处的比例尺

太 平 洋

澳 大 利 亚

全世界最长的商业航班

悉尼

奥克兰

塔斯马尼亚

新西兰

#245

奥克兰群岛
（新西兰）

越冬地
11月12日至3月21日　#253

南 大 洋

阿黛利海岸

北极燕鸥的世界纪录

　　2007年7月，北极燕鸥离开格陵兰的繁殖地之前，北极生物学家卡斯滕·艾格凡在其中50只的脚上装了感光记录器。这是一种通过阳光来定位的地理定位器，质量大约和一枚回形针近似。第二年夏天，他只完好无损地收回了其中10个定位器，但它们带回的数据足以打破世界纪录。这些燕鸥从一个北极海岛飞到南极沿海的海冰上，再飞回来，平均飞行距离达70,900千米。（相比之下，全球商业航班中最长的连续飞行是从迪拜飞到奥克兰，距离为14,200千米。）这一距离在有记录的动物迁徙中是最长的，几乎比人们之前估计的该物种的飞行距离长了一倍。这项纪录保持了4年，之后鲁本·法因和扬·范德文登（Jan van der Winden）在荷兰标记的5只燕鸥刷新了纪录，平均飞行距离为90,000千米。人们还不清楚为什么荷兰的燕鸥飞得比较远，但法因相信纪录再次被打破也只是时间问题。如果来自挪威或俄罗斯北部的燕鸥飞到澳大利亚的话，飞行里程将冲击六位数。

来源：格陵兰自然资源研究中心；卡斯滕·艾格凡；瓦登伯格局；鲁本·法因和扬·范德文登；NPP；SODA；NE；GADM

冰川 贝尔 瓦 诺 尔

华盛顿角

祖切利考察站（意大利）

海 冰

放大的区域

华盛顿角伸入特拉诺瓦湾10
公里。在这一岩石与冰构成
的岬角末端，弗雷特韦尔发
现了一处500平方米有鸟粪
污渍的地方，说明这里有帝
企鹅。从3月到12月，海冰
向岬角处靠拢，使这一带成
为帝企鹅产卵育雏的绝佳场
所。2009年10月16日，弗
雷特韦尔让另一颗卫星去拍
摄更高清的照片。他用图像
识别软件把有企鹅的区域
（红色）挑出来，又把面积
转换成数量，得出这些区域
中共有11,808只企鹅。

0   5 km

特 拉 诺 瓦 湾

全色锐化后的卫星图像

■ 企鹅
□ 冰雪
■ 阴影
▨ 鸟粪

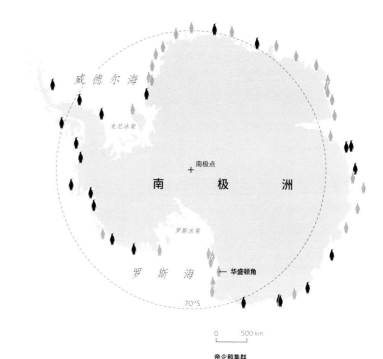

从太空中看见企鹅

0   500 km

帝企鹅集群
2015

2009 年前已知的集群

后来由卫星发现或证实的集群

卫星图像帮弗雷特韦尔把已知帝企鹅集群的数量从 31 个提高到 53 个。气候变化产生的影响并不均等：南纬 70 度以北的地区，面临着海冰缩减的最高风险。他数了一下，该纬度以北有 26 个集群——那可相当于 20 万只企鹅。

卫星图像能帮我们解答这些问题：我该走哪条路？或者，那家餐馆是在公交车站附近吗？2008 年，英国南极调查局的地理信息官员彼得·弗雷特韦尔开始琢磨，这些天上的眼睛是不是还能帮我们回答另一个问题：帝企鹅一共有多少只？在这个有谷歌的时代，答案似乎很容易找到。但问题是，从来没有人数过。

公正地说，还是有人试过的。1992 年，《世界鸟类手册》（*Handbook of the Birds of the World*）的作者总结数十年来的相关研究，得出帝企鹅种群数量在 27 万到 35 万之间。16 年过去了，这些计数已经过时，更不必说之前还有所遗漏。因为南极太冷、太远、太辽阔，研究人员不可能在一个繁殖季内观察所有的企鹅繁殖地。大部分人们认为有企鹅栖息的地方，都还没有相应的观测数据。科学家要怎么办？

为了得到种群数量，研究大象的科学家会乘飞机飞过一小片区域，数出他们看到的每一个个体，然后把得到的数量按比例放大到整个地区，这种方法叫航空普查。弗雷特韦尔打算在位于英国剑桥的办公室里对企鹅做类似的事情，只是还要飞得更高一些。

2009 年 9 月，他开始沿着南极海岸线用卫星展开搜寻。那时候，雄性和雌性企鹅都在照顾新孵出的雏鸟。第一遍计数时，他用的是卫星扫描带较宽的低精度图像。在这种分辨率下，并不能看出每只企鹅个体，但能看到整个集群的鸟粪在白色冰雪上留下的棕色污渍。弗雷特韦尔找到了 46 处这样的污渍，于是他用高分辨率卫星去拍摄这些地方的详细细节。

"调查帝企鹅有个优势，"他说，"就是它们会在洁白冰雪的衬托下，显出清晰的黑色轮廓。"这种清晰的对比，加上帝企鹅抱团集群的习性，让弗雷特韦尔得以把有企鹅的像素分拣出来，他称该过程为"全色锐

来源：英国南极调查局，彼得·弗雷特韦尔；LANDSAT；GSHHG

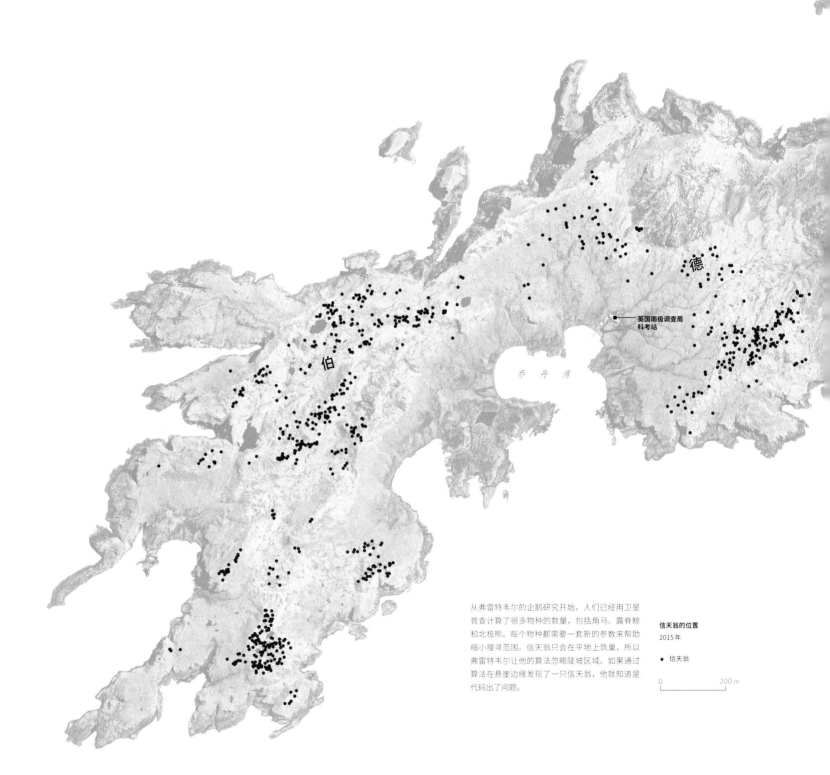

德

英国南极调查局
科考站

乔 丹 湾

伯

从弗雷特韦尔的企鹅研究开始，人们已经用卫星
普查计算了很多物种的数量，包括角马、露脊鲸
和北极熊。每个物种都需要一套新的参数来帮助
缩小搜寻范围。信天翁只会在平地上筑巢，所以
弗雷特韦尔让他的算法忽略陡坡区域。如果通过
算法在悬崖边缘发现了一只信天翁，他就知道是
代码出了问题。

信天翁的位置
2015 年

● 信天翁

0   200 m

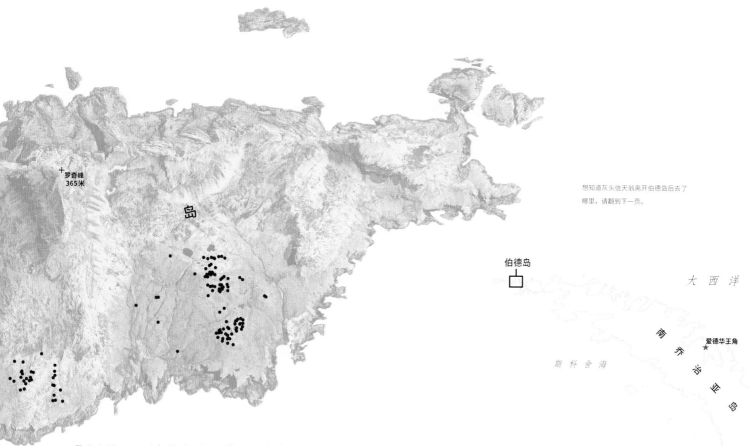

罗奇峰
365米

岛

伯德岛

大 西 洋

南乔治亚岛

爱德华王角

斯科舍海

想知道灰头信天翁离开伯德岛后去了哪里，请翻到下一页。

化"（见128页中的小图）。他用的软件工作原理有点像脸书网站上的人脸识别。每次你在一张照片中标出自己的脸，都是在教算法如何从像素阵列中识别你的脸部特征。弗雷特韦尔用类似的方法训练他的算法，让它能够区分哪些像素是企鹅，哪些是冰雪、阴影或鸟粪。

接下来就是真正的迷人之处了。通过实地观察和航拍影像，他了解到企鹅站立的间距：大约每平方米站一只成年企鹅。这样一来，他只需知道每张图像中企鹅所占的面积，就能将面积转换成数量，算出整个大陆上企鹅的数量。以华盛顿角的集群为例（第128页），企鹅的像素（红色）约占1.2万平方米，也就是

说有1.2万只企鹅。对46处鸟粪污渍都做同样的全色锐化后，得到的结果是59.5万只企鹅，是之前估计数量的两倍。为了验证这些数字，弗雷特韦尔把他的程序运行了一万次。

这是人们第一次用卫星图像做任何物种的数量普查。技术再一次为人们节约了时间和资源，而且还有可能拯救鸟类。之前由于没有初始数据，人们一直无法知道气候变暖与海冰消融是否会造成帝企鹅死亡。而如今，弗雷特韦尔有了完整的数据，也有了更新数据的方法。他还没有进行第二次全面计数，但他一直在关注集群的状况。自2012年起，他的团队又找到了几个小的集群，现在全世界已知的帝企鹅集群一共有53处。

南 美 洲

大 西 洋

南乔治亚岛

来源：英国南极调查局，彼得·弗雷特韦尔；LANDSAT；GSHHG

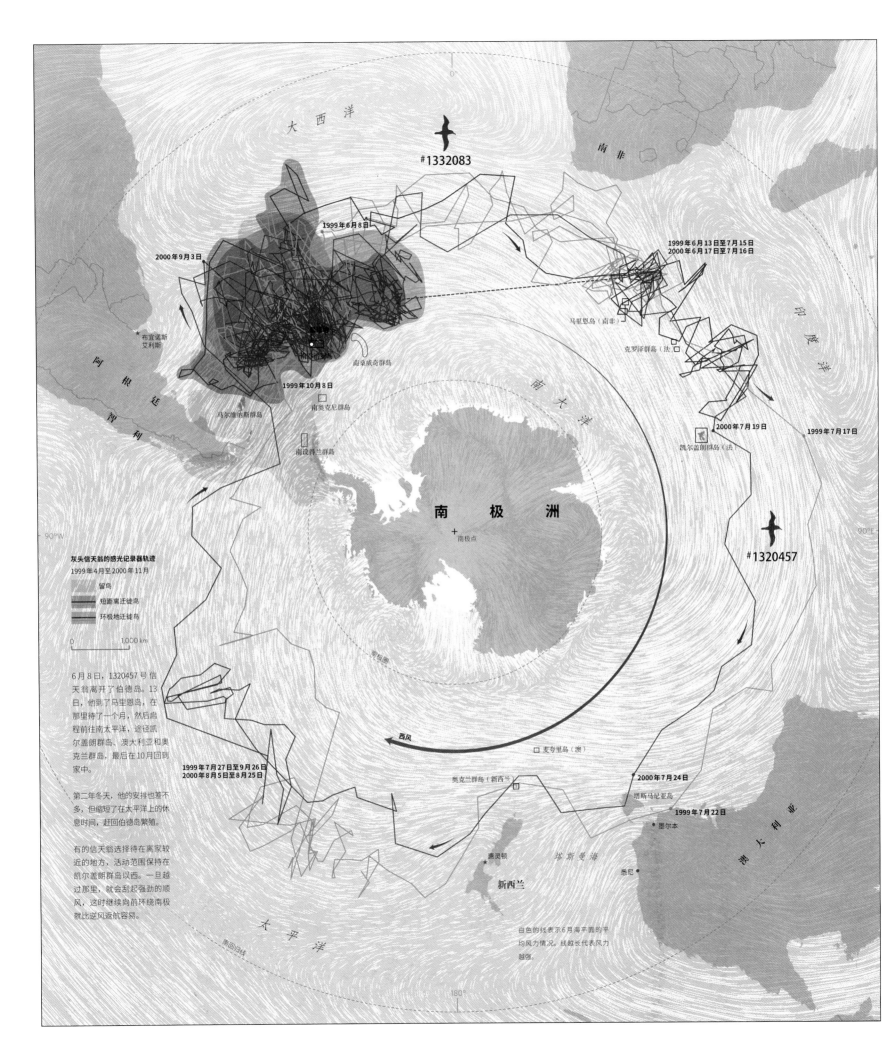

大 西 洋

南 非

#1332083

1999年6月8日

2000年9月3日

1999年6月13日至7月15日
2000年6月17日至7月16日

印 度 洋

马里恩岛（南非）

布宜诺斯
艾利斯

南桑威奇群岛

克罗泽群岛（法）

阿
根
廷
智
利

1999年10月8日

马尔维纳斯群岛

南奥克尼群岛

南 大 洋

2000年7月19日

1999年7月17日

南设得兰群岛

凯尔盖朗群岛（法）

南 极 洲

南极点

90°W

90°E

灰头信天翁的感光记录器轨迹
1999年4月至2000年11月

留鸟
短距离迁徙鸟
环极地迁徙鸟

0   1,000 km

南极圈

6月8日，1320457号信
天翁离开了伯德岛。13
日，他到了马里恩岛，在
那里待了一个月，然后启
程前往南太平洋，途径凯
尔盖朗群岛、澳大利亚和奥
克兰群岛，最后在10月回到
家中。

西风

麦夸里岛（澳）

#1320457

第二年冬天，他的安排也差不
多，但缩短了在太平洋上的休
息时间，赶回伯德岛繁殖。

1999年7月27日至9月26日
2000年8月5日至8月25日

奥克兰群岛（新西兰）

2000年7月24日

塔斯马尼亚岛

有的信天翁选择待在离家较
近的地方，活动范围保持在
凯尔盖朗群岛以西。一旦越
过那里，就会刮起强劲的顺
风，这时继续向前环绕南极
就比逆风返航容易。

惠灵顿

塔 斯 曼 海

1999年7月22日

墨尔本

悉尼

新西兰

澳 大 利 亚

太 平 洋

白色的线表示6月海平面的平
均风力情况。线越长代表风力
越强。

南回归线

180°

环绕南极的信天翁

如果你到访位于英国剑桥市郊的英国南极调查局，也许会见到一只信天翁和她的雏鸟的标本。它们从南乔治亚群岛的伯德岛经过1.5万公里的飞行来到英国，但与有些信天翁环绕南极长达2.5万公里的迁徙相比，还是小巫见大巫了。信天翁的翼展可达3.5米，只需稍微扇动几下翅膀，就能飞出很远。有一项研究曾追踪这样的旅程长达十余年，这张地图上显示了其中18个月的结果。

1999年4月，繁殖季末尾，47只繁殖成功的灰头信天翁戴上了感光记录器。感光记录器的数据揭示出3种截然不同的行为：7只信天翁停留在大西洋西南的繁殖地附近；3只前往印度洋后又飞了回来；还有12只雄性信天翁环绕了整个南大洋，其中3只甚至绕了两圈。

环绕南极的迁徙分为3个阶段。第一阶段从南乔治亚群岛到印度洋，平均在6天内完成，每天飞行950千米，相当于每天都要飞过一个意大利的长度。在马里恩岛和克罗泽群岛附近海域停歇觅食一个月后，它们又继续以同样的速度飞行13天来到新西兰。在最后一段旅程中，速度被放慢到每天750千米，因为它们借以飞翔的环极地西风在广阔的太平洋上消散减弱。最快的一只信天翁只用46天就环绕了一周。

这项研究在南印度洋和南太平洋发现了重要的觅食地，迁徙的鸟类在此停歇，享受丰富的食物供给。然而，这些海域同样吸引着延绳钓渔船，船只会在洋面上放置最长可达130千米的钓绳。每年有大约10万只信天翁误食鱼饵，吞下鱼钩后被拖到水里淹死。有一些措施可以保护信天翁（例如在晚上放钓绳，或把鱼饵放在更深处等），但很少能强制执行。信天翁科是鸟类中最受威胁的一个科，尽管不太可能采取以下措施，但要想让信天翁继续在海上翱翔，唯一的办法也许就是不让延绳钓渔船进入它们停歇的区域。

来源：英国南极调查局，理查德·菲利普斯；TCR；GSHHG；SCAR

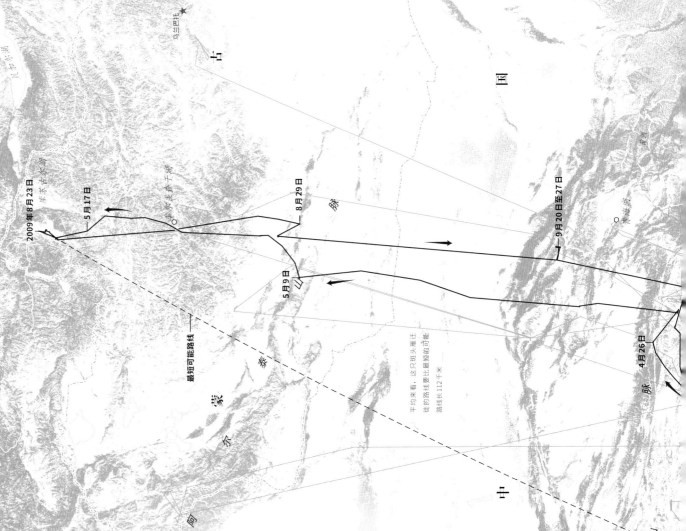

喜马拉雅山的雁

4月的一个夜晚，在勃朗冰川上海拔4,500米的一处营地里，我表耳听到远处传来这些鸟的鸣叫。它们从我头顶飞过。在马卡鲁峰的繁星下却看不见它们的身影……人们不禁会想，它们对环境做出了怎样的适应，才得以完成这一伟业。

1961年，生物学家劳伦斯·W. 斯旺（Lawrence W. Swan）写下这些文字，建立起后来的普遍观点，即斑头雁是高海拔地区的特化物种，特别适应在高处生活。此后一直没有人去验证他的观点，直到半个世纪后，斑戈大学的查尔斯·毕晓普（Charles Bishop）给91只斑头雁背上了装有GPS设备的背包。接着，它们就开始了两年一度的穿越喜马拉雅山的迁徙——人们认为这一旅程的历史比此山脉本身还要悠久。

在仔细绘查过从印度到蒙古的15万个GPS位点后，该项目的分析员露西·霍克斯（Lucy Hawkes）发现了两个惊人的事实：所有斑头雁的最高飞行高度都没有超过海拔7,290米，而且所有飞行轨迹中近98%的里程都在5,500米以下。在地图上画出飞行路线，会发现它们沿着山谷和湿地分布，而不是越过山顶。霍克斯的团队据此得出结论："斑头雁倾向于尽可能走海拔低的地方。"也就是说，斯旺当年听到的鸣叫声更有可能是从下面的山谷里传来的。

这并不是说斑头雁的飞行能力不强。在这样的海拔高度，氧气极为稀薄。"背包"中的生物传感器显示，斑头雁之所以在稀薄的空气中仍然可以不停扇动翅膀，是因为它们的心脏可以每分钟跳动500次——比在海平面时的心跳快7.2倍。用霍克斯的话说就是："就像节拍器一样，没完没了，不知疲倦。"

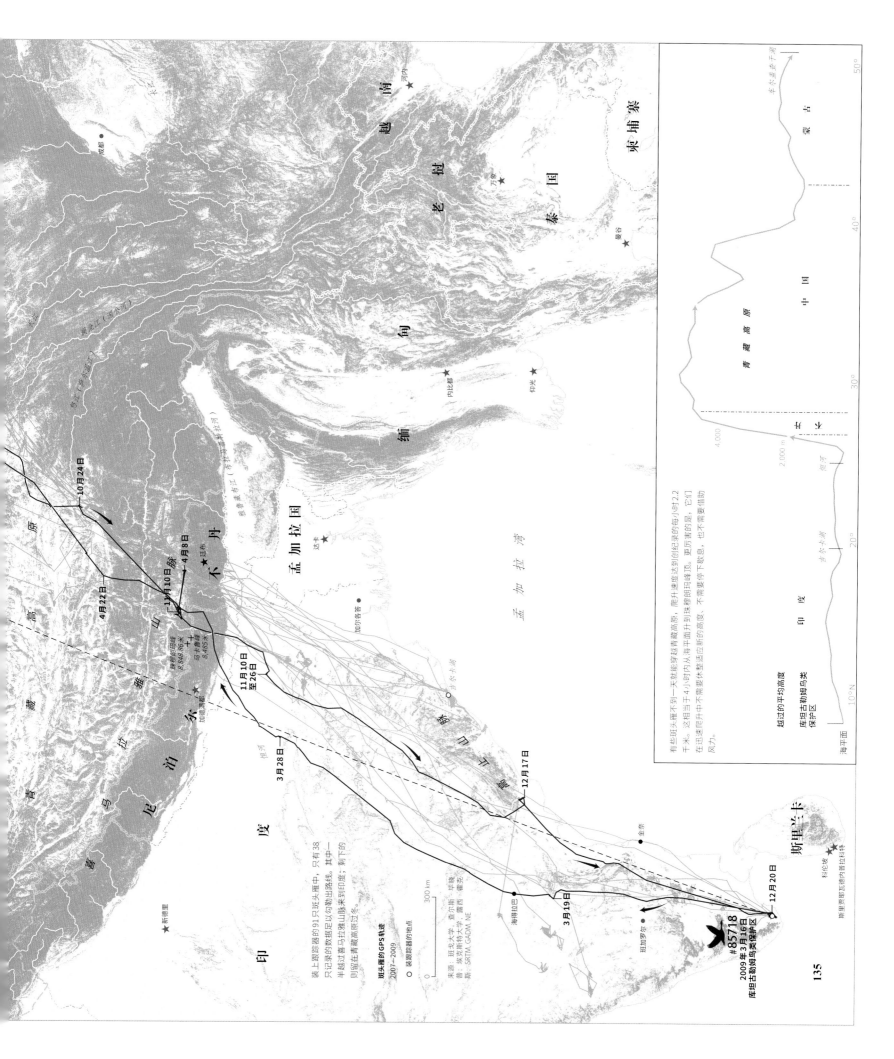

斑头雁的GPS轨迹
2007—2009

○ 装跟踪器的地点

装上跟踪器的91只斑头雁中，只有38只记录的数据足以勾勒出路线。其中一半越过喜马拉雅山脉来到印度，剩下的则留在青藏高原过冬。

有些斑头雁不到一天就能穿越青藏高原，爬升速度达到纪录的每小时2.2千米。这相当于4小时内从海平面升到珠穆朗玛峰顶。更厉害的是，它们在迅速爬升中不需要休整适应新的高度，不需要停下歇息，也不需要借助风力。

超过的平均高度
库坦古勒姆鸟类保护区

来源：班戈大学，喜尔斯特大学，露西·霍克斯；埃克斯特大学，GADM，NE斯：SRTM

2009年3月16日
#85718
库坦古勒姆鸟类保护区

135

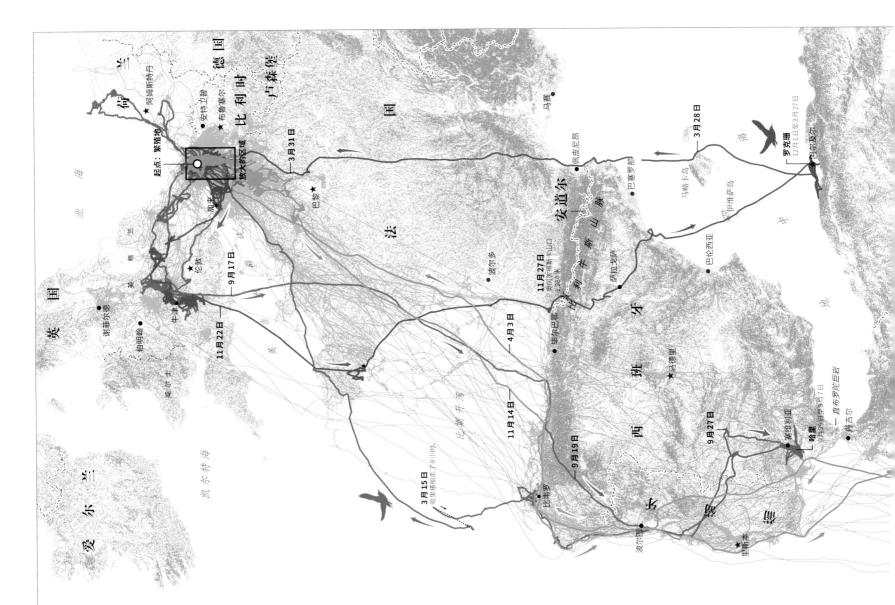

贪吃薯片的鸥

顶着"数据科学家"和"开放数据发布者"的头衔，比利时自然与森林研究所的"生物观察"（LifeWatch）项目团队所起来不像科研课题组，倒像是个科技创业公司。可别被他们的名字骗了。这帮码农正是新一代的生物学家。三年之内，他们的系统已经收集了101只鸥的250万个GPS位点，其中有些鸥会正徒到遥远的甘比亚，然后再飞回来。

带有GPS跟踪器的鸥回到繁殖地时，相关数据会传到一个基站上。前四天的位点会从基站输入生物观察网站上的地图中，另一个程序会自动处理整个行程的数据，并储存到安特卫普大学的一个数据库里。这些步骤本身的确很新颖，而"生物观察"项目接下来做的事情才真正具有革命性：数据共享。

科学家常常把自己的发现藏着掖着捂着。生怕被人抢先发表。"生物观察"团队却不这么想。2016年春天，他们把数据提供给芬兰赫尔辛基的编程马拉松赛。赛事组织者向参赛选手提出挑战，要他们找出这些鸥正徒与觅食行为的模式，并将之可视化。比如，同一物种的不同个体会去不同的地方吗？它们是否会在能量消耗与食物获取之间取得平衡？就把这张地图看成我们的参赛作品吧。为了回答第一个问题，请你比较三只小黑背鸥哈里（Harry）、埃里克（Eric）和罗克珊（Roxanne）的追踪轨迹。至于第二个问题，请看右边放大的地图。要是有堆积成山的薯片下脚料可以白吃白拿，那些鸥可就不客气了。

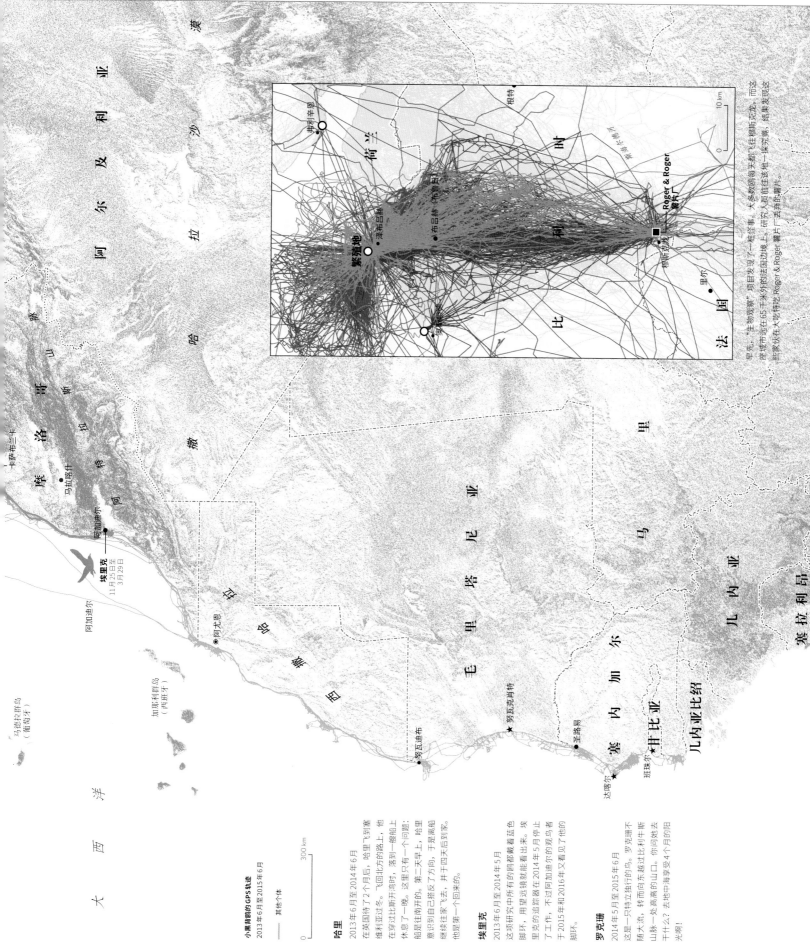

来源："生物观察"项目，SRTM，GADM，NE

小黑背鸥的GPS轨迹
2013年6月至2015年6月

—— 其他个体

0 ———— 300 km

哈里

2013年6月至2014年6月

在英国待了2个月后，哈里飞到塞维利亚过冬。回北方的路上，他在穿过比斯开湾时，落到一艘船上休息了一晚。这里只有一个问题：船是往南开的。第二天早上，哈里意识到自己搞反了方向，于是离船继续往家飞去，并于四天后到家。他是第一个回来的。

埃里克

2013年6月至2014年5月

这项研究中所有的鸥都戴着蓝色脚环，用望远镜就能看出来。埃里克的追踪器在2014年5月停止了工作，不过阿加迪尔的观鸟者于2015年和2016年又看见了他的脚环。

罗克珊

2014年5月至2015年6月

这是一只特立独行的鸟。罗克珊不随大流，转而向东越过比利牛斯山脉，一处高高的山口。你问她去干什么？去地中海享受4个月的阳光哪！

137

早先，"生物观察"项目发现了一桩怪事。大多数鸥每天都飞往楠斯克龙，而这座城市位于65千米外的法国边境上。研究人员前往这地一探究竟，结果发现这些鸥以在大吃特吃Roger & Roger薯片。

头顶盘旋的兀鹫

在由平板显示器拼接起来的巨大屏幕上，数以百万计的数据点构成各种旋涡、圆圈和网络，显示着动物的一举一动——兀鹫在盘旋、鸬鹚在潜水、獾在挖洞。这就是斯旺西大学生物科学系的"即时定位与地图构建可视化套件"（Simultaneous Localization and Mapping Visualization Suite）。简单地说，就是查看动物行动的"任务管理器"（Mission Control）。这是动物追踪领域的传奇人物罗里·威尔逊构想中的设施，他相信要想了解飞行动物，可视化是至关重要的手段。正如威尔逊的同事埃米莉·谢泼德所言："空气总是变化无常。它既可以给予你许多能量，也可能大大削减。"因此，如果团队能一毫秒一毫秒地定量研究鸟类如何节约能量，不仅有助于理解它们会飞到哪里，也有助于理解这么飞的原因。

过去40年间，威尔逊发明了许多"间谍技术"来跟踪动物的生活。他的得意之作是绰号为"日记本"的一组传感器，用在鸟类身上类似于飞行记录仪，不过他也曾在海洋动物与陆生动物身上使用这种传感器。除了收集GPS位点以外，"日记本"也记录气压、湿度、温度、光照强度、速度和加速度等，与此同时，三轴磁力计还会利用地球磁场详细测量动物的运动方向与姿态。

以西域兀鹫为例。这些秃头的食腐鸟类与许多大型鸟类一样，乘着从地面上升的热气流保持在空中。威尔逊的团队希望用"日记本"来探究这些鸟如何找到上升气流的位置，又如何在气流中调整自己的动作。"这种保持平衡的行为很有意思，"谢泼德说，"它们必须待在热气流中空气上升得比鸟下沉得快的地方。"

谢泼德的一位同事把一只兀鹫的"日记"载入大屏幕——他在法国南部山顶罗卡马杜尔村上空仅飞行了3.5分钟，传感器就收集到8,000余条飞行方向与气温记录。随着飞行轨迹盘旋上升，谢泼德在一旁解释着兀鹫如何从稀薄的空气中汲取能量。我们也在此解说一下。

来源：埃米莉·谢泼德，斯旺西大学；奥利弗·迪里耶，蒙彼利埃大学；鹰猎中心

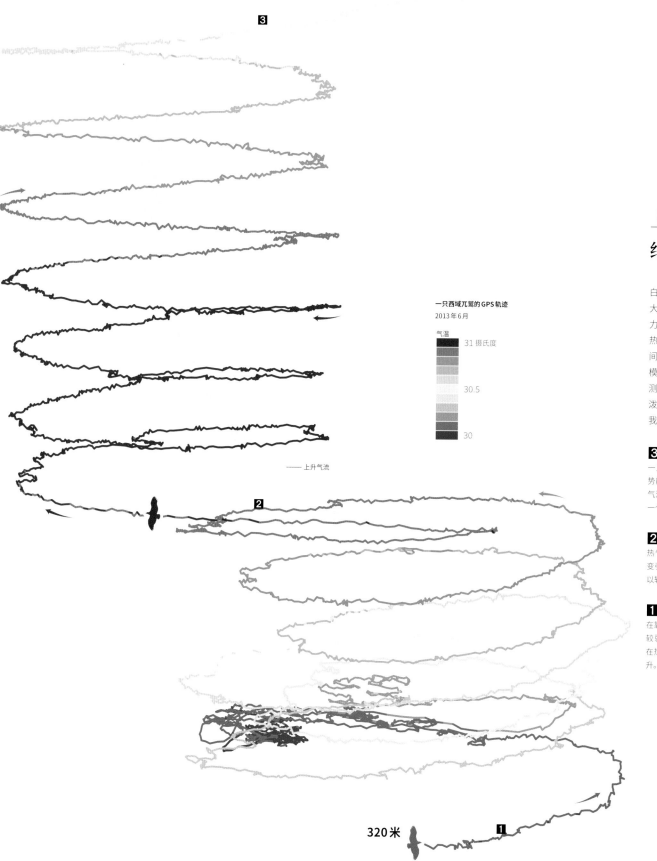

690 米

3

上升气流的结构分析

兀鹫是食腐动物。它们白天飞行，觅食死尸。因为大型鸟类持续扇翅飞行的能力较弱，兀鹫必须找到上升热气流，才能维持每天长时间的觅食。"大多数计算机模型都无法在精细尺度上预测热气流形成的地点，"谢泼德说，"鸟类却能告诉我们。"

3 顶部
一旦兀鹫达到一定高度，积蓄的势能足以滑翔，它们就会离开热气流去寻找食物，同时也寻找下一个上升气流。

2 中部
热气流在上升过程中逐渐变宽、变强。现在兀鹫就可以绕大圈，以较快的速度爬升了。

1 底部
在靠近地面处，热气流往往较细、较弱。兀鹫必须急转弯绕小圈，在热气流狭窄的"核心"内部爬升。这时它们上升的速度很慢。

一只西域兀鹫的GPS轨迹
2013 年 6 月

气温
31 摄氏度
30.5
30

—— 上升气流

2

1

320 米

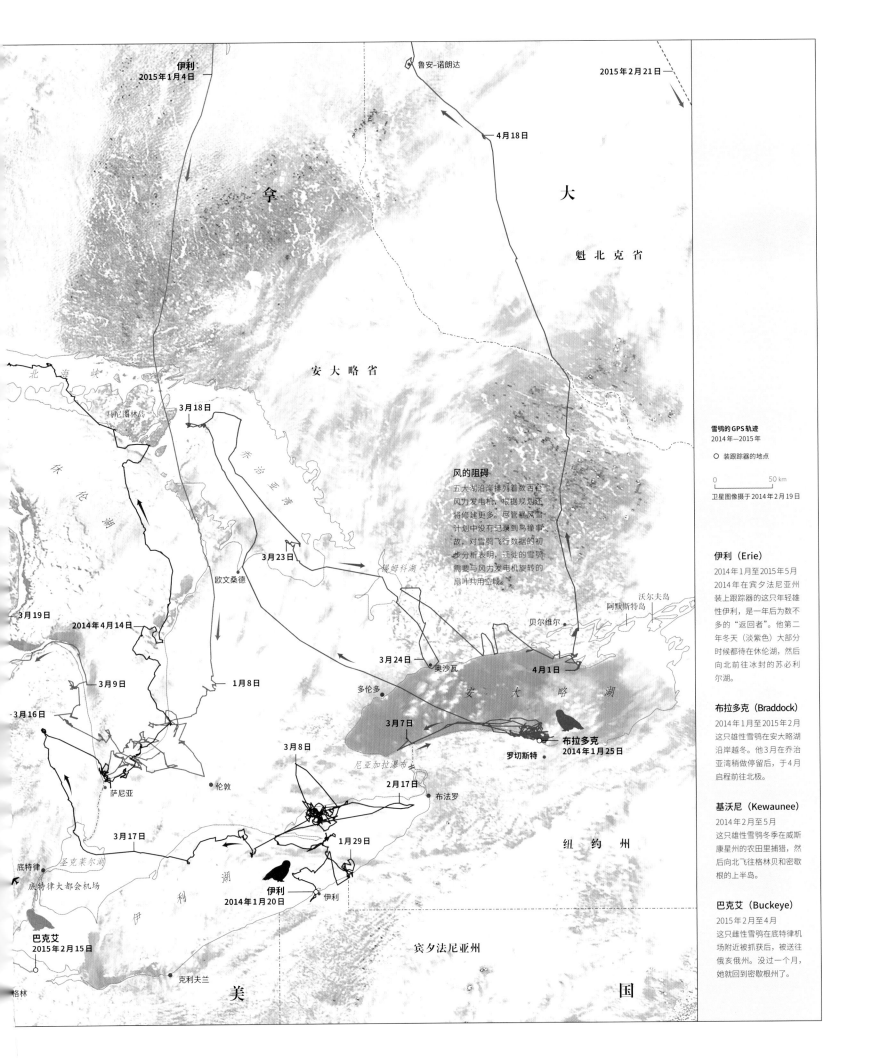

伊利
2015年1月4日

鲁安-诺朗达

2015年2月21日

4月18日

拿   大

魁 北 克 省

安 大 略 省

3月18日

马尼图林岛

乔治亚湾

风的阻碍

五大湖沿岸排列着数百台
风力发电机,根据规划还
将修建更多。尽管暴风雪
计划中没有记录到鸟撞事
故,对雪鸮飞行数据的初
步分析表明,迁徙的雪鸮
需要与风力发电机旋转的
扇叶共用空域。

休伦湖

3月19日

2014年4月14日

3月9日

3月16日

欧文桑德

3月23日

提姆科湖

贝尔维尔

阿默斯特岛

沃尔夫岛

3月24日

1月8日

安 大 略 湖

罗切斯特

布拉多克
2014年1月25日

多伦多

萨尼亚

伦敦

3月8日

3月7日

尼亚加拉瀑布

2月17日

布法罗

纽 约 州

3月17日

圣克莱尔湖

底特律

底特律大都会机场

伊 利 湖

1月29日

伊利
2014年1月20日

伊利

巴克艾
2015年2月15日

格林

克利夫兰

美   国

宾 夕 法 尼 亚 州

奥沙瓦

4月1日

伊利（Erie）

2014年1月至2015年5月
2014年在宾夕法尼亚州
装上跟踪器的这只年轻雄
性伊利,是一年后为数不
多的"返回者"。他第二
年冬天（淡紫色）大部分
时候都待在休伦湖,然后
向北前往冰封的苏必利
尔湖。

布拉多克（Braddock）

2014年1月至2015年2月
这只雄性雪鸮在安大略湖
沿岸越冬。他3月在乔治
亚湾稍做停留后,于4月
启程前往北极。

基沃尼（Kewaunee）

2014年2月至5月
这只雄性雪鸮冬季在威斯
康星州的农田里捕猎,然
后向北飞往格林贝和密歇
根的上半岛。

巴克艾（Buckeye）

2015年2月至4月
这只雌性雪鸮在底特律机
场附近被抓获后,被送往
俄亥俄州。没过一个月,
她就回到密歇根州了。

加 拿 大
美 国
苏 必 利 尔 湖
加
2015年5月20日 —
— 4月19日
2014年4月27日 —
— 怀特菲什湾
马凯特 •
苏圣玛丽 •
放大的区域
4月25日 —
4月14日 —
2015年4月21日 —
威 斯 康 星 州
麦基诺水道
埃斯卡诺巴 • — 5月2日
华盛顿岛
3月20日 —
阿尔皮纳 •
4月16日 —
4月8日 —
格林贝 •
基沃尼
2014年2月6日
密
歇
根
湖
萨吉诺湾
贝城 •
3月23日 —
温尼巴戈湖
北极的日暮
制造穿戴式追踪设备需要试
错的过程。CTT的人知道雪
鸮喜欢待在开阔且阳光充足
的地方,因此重复利用之前
装在金雕背上的太阳能设备
似乎是明智之选。只有一个
问题:他们之前不知道雪鸮
还喜欢面对太阳。北极的阳
光在空中划过弧线,而雪鸮
毛茸茸的大脑袋投影在太阳
能电池板上,减少了电池的
使用时间。CTT有什么节能
办法吗?他们让设备持续收集
数据,但减少了每周传输数
据的次数。

密 歇 根 州
安阿伯 •
弗林特 •

芝加哥 •
托莱多 •
俄 亥 俄 州
鲍灵

放大区域地图:

毛德王后湾
2014年6月19日
努纳武特省
其他雪鸮
0   500 km

哈得孙海峡

— 无位点记录
萨斯喀
彻温省
哈得孙湾
加
拿
大
马尼托巴省
2015年5月27日
安大略省
魁北克省
2015年4月20日
北达科他州
明尼苏达州
蒙特利尔
渥太华
波士顿
— 马萨诸塞州
— 罗得岛州
威斯康星州
密歇根州
纽约州
芝加哥
纽约
新泽西州
放大的区域
印第安
纳州
俄亥
俄州
宾夕法尼亚州
特拉华州
马里兰州
华盛顿 ★
弗吉尼
亚州
阿萨蒂格岛
美
国

现在听见了吗?

4月,雪鸮启程返回北极。上图中的虚线表示雪鸮此时飞到了没有手机信号
的地方,或者跟踪器的电池没电了。一旦这只雪鸮再次回到有信号的地方,跟
踪器就会开始传送之前所到之处的数据。为了延长电池寿命,暴风雪计划2015
年12月采用了能测量加速度的新型跟踪器。研究人员希望,有了加速度,就可
以把跟踪器设置成只在雪鸮飞行时收集数据,不飞时就进入休眠模式。

4月27日

苏必利尔湖

5月18日

巴查瓦纳湾

巴查瓦纳岛

北圣迪岛

南桑迪岛

5月10日

怀特菲什角

5月7日

巴黎人岛

4月26日

5月13日

5月5日

5月15日

加 拿 大

苏圣玛丽

怀特菲什湾

伊利
2014年4月25日

苏圣玛丽机场

圣玛丽斯河

一只雪鸮的GPS轨迹

2014年4月25至27日

2015年4月24日至5月18日

在冰面上漂浮

美 国

0   5 km

卫星图像摄于2014年4月12日

4月29日

2015年4月24日

冰封湖面上的雪鸮

你无须获得学术资助，也可以参与动物追踪革命——不信你问问暴风雪计划（Project SNOWstorm）的发起人。2013年12月，马里兰州政府的生物学家戴夫·布林克尔在阿萨蒂格岛环志棕榈鬼鸮时，也开始看到雪鸮。一般来说，雪鸮不会在这么靠南的地方过冬。但2013年并不是一个普通的年份。在北极的雪鸮繁殖地，那年夏天刚发生了一次旅鼠种群大爆发。更充足的食物意味着更成功的繁殖，也就很快产生了比往常更多的小猫头鹰。到了12月，数千只年轻的雪鸮向南飞去，这是自1920年以来美国东部最大的一次雪鸮"大爆发"。布林克尔心想，要是能追踪几只就太好了。

他打电话给同为观鸟者的斯科特·韦德塞尔，而斯科特之后又接到移动网络追踪技术公司（Cellular Tracking Technologies，CTT）的友人打来的电话。CTT最近开发了一种能通过手机网络传输数据的GPS跟踪器。作为观鸟者，他们也很想追踪雪鸮，于是提出有偿提供设备。韦德塞尔建立了一个众筹网页，目标是2万美元。3个月内，众筹金额就达到了7.2万美元，足够安装22个跟踪器。

与传统的卫星跟踪器相比，移动网络跟踪器传输的数据更多、更快、更便宜，也更节能。于是，研究人员就有余力提出一些不同于以往的问题。"如果收集了足够的数据，你也许能看出动物是在哪个时间点决定改变路线的。"CTT的代表安迪·麦根（Andy McGann）说。比如说，为什么雪鸮要飞到冰封的湖面中间去？暴风雪计划开始之前，大多数观鸟者认为雪鸮冬季主要以啮齿动物为食。有了每30分钟采样一次、精确到米的定位数据，暴风雪计划的生物学家现在能看到，像伊利（图中紫色轨迹）这样的雪鸮会在冰面上待几周，捕食水鸟——这还只是该计划的众多发现之一。

从那年冬天开始，暴风雪计划已经和10个州的科学家、兽医和志愿者开展合作，标记了超过40只雪鸮。韦德塞尔说："我们很幸运，因为雪鸮又大又美，很有魅力，人人都愿意来帮忙。"

一只名为伊利的年轻雄性雪鸮在休伦湖上度过了大半个冬天，而后来到怀特菲什湾，在冰层裂缝处捕食鸭子和鸥。有其他研究表明，有些成年雪鸮也会在高纬度北极地区采取类似的策略。

来源：戴维·F.布林克尔、史蒂夫·许伊、诺曼·史密斯和斯科特·威登索尔，暴风雪计划；MODIS；USGS；NE

爱吃垃圾食品的白鹳

佐祖
2013年11月至2014年4月

垃圾填埋场

5P311
2014年1月至4月

湿地

0   50 km

这两只白鹳选择了截然不同的越冬方式。

很多如今看来理所当然的事，并非历来如此。比如亚里士多德曾相信鸟类会冬眠，1703年还有一篇相关文章说它们在月球上过冬。因此在1822年5月21日，一只脖子上插着80厘米长箭的白鹳回到德国北部时，引起了很大轰动。那支箭来自非洲中部，这是人们第一次获得鸟类长距离迁徙的确凿证据。

对白鹳来说幸运的是，我们再也不需要用箭来证明它们的迁徙了，如今的科学家可以给它们装上GPS跟踪器。不过最近，一项由德国马克斯·普朗克鸟类学研究所的安德烈亚·弗拉克（Andrea Flack）主导的研究发现了某种悲伤的反讽。如今我们有了技术，得以追踪这些史诗般的旅程，但白鹳似乎不那么热衷于迁徙了。你问为什么？因为如今，在离家更近的地方就能更方便地获得食物。垃圾堆和垃圾填埋场有取之不尽的美味，实在让白鹳难以抗拒。白鹳们，比如佐祖（Zozu，来自德国），感到不必要再费那个劲，飞到撒哈拉沙漠以南的越冬地去。实际上，它们似乎根本就没飞多远。弗拉克说，那些在垃圾场越冬的白鹳只是"每天起床飞到垃圾场，待在那里、晚上再飞回来"。至于其他像5P311（来自波兰）这样的白鹳，仍然会飞过8,000千米，到了越冬地再埋头觅食。

弗拉克标记的70只白鹳中，仅有21只活过了第二年。很多白鹳都在迁徙的劳顿中力竭倒下；不过，停歇在输电线上触电身亡仍是最常见的死因。对佐祖这样的白鹳来说，在垃圾堆中的生活还是比较安逸，只是觅食的时候要格外小心。一旦选错了零食，同样会有生命危险。我们绘制了活下来的白鹳的轨迹，此外，有一只名叫小公主（Prinzesschen）的白鹳很特别，马克斯·普朗克研究所的彼得·贝特霍尔德（Perter Berthold）追踪了她125,000千米。他于1994年记录了有史以来第一批白鹳定位点，并一直继续记录，直到2006年12月23日，小公主在南非一家农场自然死亡。埋葬她的地方立了一块墓碑，上面写着：一段精彩的旅程到此结束。

来源：安德烈亚·弗拉克，马克斯·普朗克鸟类学研究所；沃尔夫冈·菲德勒；迈克尔·卡茨；
拉恩·南森；伊凡·波克罗夫斯基；NE；GELU

小公主戴上跟踪器
1994 年 8 月

欧　洲

波兰
2013 年 8 月

莫斯科

俄 罗 斯

哈萨克斯坦

柏林

德国

法国
里昂

斯洛伐克
匈牙利

摩尔多瓦

乌克兰

阿尔卑斯山脉

瑞士

罗马尼亚

敖德萨

乌兹别克斯坦

塔什干

2013 年 8 月

2014 年 6 月

比利牛斯山脉

葡萄牙

马德里

西班牙

保加利亚

黑　海

伊斯坦布尔

亚美尼亚

埃里温

里　海

塔吉克斯坦

亚　洲

土耳其

希腊

直布罗陀海峡

佐祖
2013 年 11 月至 2014 年 4 月

拉巴特

放大的区域

阿加迪尔

阿特拉斯山脉

突尼斯

突尼斯

的黎波里

班加西

地　中　海

伊斯肯德伦

叙利亚

黎巴嫩
以色列
巴勒斯坦
耶路撒冷

大马士革

约旦

巴格达

伊拉克

里海

幼发拉底河

伊朗

在乌兹别克斯坦戴上跟踪器的白鹳，
全都选择留在这里直面严冬。弗拉克
认为它们在附近找到了鱼塘，因此没
必要再飞到通常位于中国或印度的越
冬地。

西撒哈拉

阿尔及利亚

利比亚

埃及

开罗

西奈半岛

尼罗河

底格里斯河

撒

哈

拉

沙

漠

毛里塔尼亚

达喀尔

塞内加尔

冈比亚

马里

尼日尔河

尼日尔

尼亚美

乍　得

恩贾梅纳

苏　丹

喀土穆

2013 年 9 月

厄立特里亚

亚的斯亚贝巴

塔纳湖

青尼罗河

阿特巴拉河

亚　洲

中　非

南苏丹

埃塞俄比亚

索
马
里

非　　　洲

乌干达

维多利亚湖

基苏木

内罗毕

乞力马扎罗山
5,895 米

2013 年 12 月

肯尼亚

印　度　洋

赤道

白鹳的轨迹，来自 8 个不同的种群

装跟踪器的地点

种群

亚美尼亚
德国
希腊
波兰
俄罗斯
西班牙
突尼斯
乌兹别克斯坦

透视图中的比例尺不固定。

从亚的斯亚贝巴到内罗毕的直线
距离约为 1,160 千米。

坦噶尼喀湖

多多马

达累斯萨拉姆

坦桑尼亚

卢安瓜河

马拉维湖

马拉维

赞比亚

5P311
2014 年 1 月至 4 月

放大的区域

赞比西河

马卡迪卡迪盐沼

津巴布韦

布拉瓦约

莫桑比克

博茨瓦纳

哈博罗内

约翰内斯堡

大　西　洋

南　非

小公主死亡
2006 年 12 月 23 日

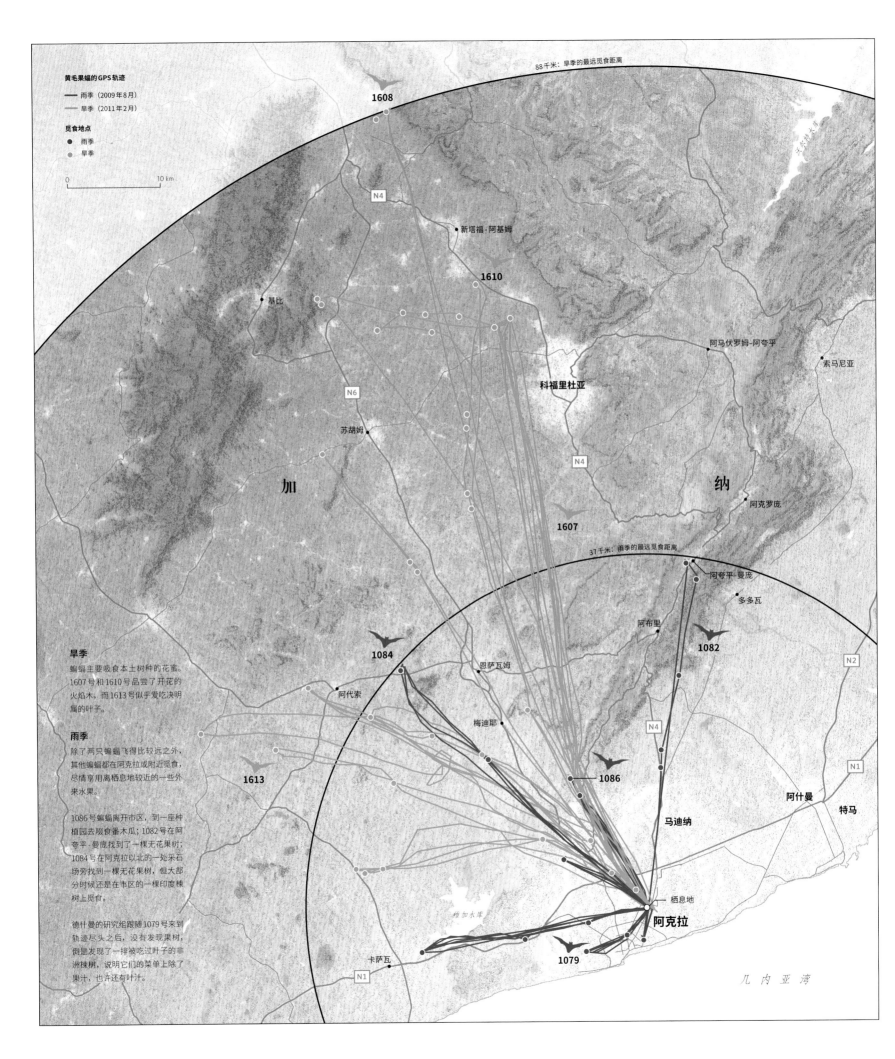

黄毛果蝠的GPS轨迹

—— 雨季（2009年8月）
—— 旱季（2011年2月）

觅食地点
● 雨季
● 旱季

0   10 km

88千米：旱季的最远觅食距离

1608

N4

● 新塔福-阿基姆

1610

● 基比

阿马伏罗姆-阿夸平 ●

● 索马尼亚

N6

科福里杜亚

纳

● 苏胡姆

加

● 阿克罗庞

1607

37千米：雨季的最远觅食距离

阿夸平-曼庞 ●

● 多多瓦

旱季

蝙蝠主要吸食本土树种的花蜜。
1607号和1610号品尝了开花的
火焰木，而1613号似乎爱吃决明
属的叶子。

雨季

除了两只蝙蝠飞得比较近之外，
其他蝙蝠都在阿克拉或附近觅食，
尽情享用离栖息地较近的一些外
来水果。

1086号蝙蝠离开市区，到一座种
植园去啜食番木瓜；1082号在阿
夸平-曼庞找到了一棵无花果树；
1084号在阿克拉以北的一处采石
场旁找到一棵无花果树，但大部
分时候还是在市区的一棵印度楝
树上觅食。

德什曼的研究组跟随1079号来到
轨迹尽头之后，没有发现果树，
倒是发现了一排被吃过叶子的非
洲楝树，说明它们的菜单上除了
果汁，也许还有叶汁。

阿布里 ●

1082

N2

1084

● 恩萨瓦姆

1613

阿代索 ●

● 梅迪耶

1086

N4

阿什曼

马迪纳

特马

N1

维加水库

栖息地

阿克拉

卡萨瓦 ●

1079

N1

几 内 亚 湾

有果汁喝的果蝠

非　洲

加纳
★ 阿克拉

　　我们给美国史密森热带森林研究所的迪娜·德什曼（Dina Dechmann）发邮件时，她的邮箱自动回复道："3月11日前在野外，仅能不定时且睡眠不足地回复邮件。"这正是蝙蝠学家的真实写照。

　　德什曼的研究组曾因发现非洲的黄毛果蝠觅食时的飞行距离比其他蝙蝠都远而轰动一时。他们研究的是加纳阿克拉的一群蝙蝠，它们白天在一座军事医院旁的老非洲楝树林中度过。日落时分，15万只蝙蝠鼓动双翼，空中腾起一片吱吱鸣叫的黑云。它们要去哪里？为了找到答案，研究组给30只蝙蝠（雨季10只，旱季20只）装上了GPS跟踪器以及加速度传感器，可以记录蝙蝠何时飞行、何时休息、何时在树上觅食。每个跟踪设备的电池能够使用7天。1608号蝙蝠只用了一天时间就向北飞了88千米，德什曼简直不敢相信它的耐力竟这么强。

　　"你就想象一只以水果为食的蝙蝠，一整天都不吃东西，还要饿着肚子长途飞行。"即便找到水果，它们也不会整个吃掉，德什曼解释道，"它们会咀嚼一下，挤出果汁，然后吐出一小团渣。"这使它们成了非洲森林里重要的园丁。这些蝙蝠基本只靠果汁过活。没人知道它们是怎么办到的。

　　但有一件事人们很清楚：蝙蝠的口味会随着季节变化。在雨季（4月到9月），它们待在海岸附近，大嚼杧果、无花果、番木瓜和印度苦楝的橄榄形果实。甚至还有两只蝙蝠扫荡了果园，可能是去找香蕉吃了。而到了旱季（10月到次年3月），它们的飞行距离几乎比雨季还要远3倍，常常不吃最喜欢的水果，转而吸食吉贝木棉的花蜜。

　　德什曼承认，这些研究结果还很粗略。需要收集一整年的跟踪轨迹，才能确定驱使蝙蝠进行创纪录长途飞行的究竟是蝙蝠群大小随季节的变化，还是食物供给的季节性变化，又或者两者兼有。但要想进行如此长时间的跟踪研究，必须保证两个条件：电池寿命更长的跟踪器，以及愿意牺牲一整年睡眠的研究者。

到了雨季，阿克拉蝙蝠群中97%的蝙蝠都会迁徙到北部的稀树草原，令留在原地的蝙蝠更容易吃上水果。迁徙的蝙蝠回来后，有些蝙蝠可能就会因为竞争所迫而到更远的地方去觅食。

来源：迪娜·德什曼，雅各布·法赫尔和迈克尔·阿贝迪—拉提，马克斯·普朗克鸟类研究所；GLCF；OSM；NE；GSHHG

"永不见天日"的鸟

18世纪的博物学家亚历山大·冯·洪堡（Alexander von Humboldt）在委内瑞拉的山洞深处第一次见到油鸱〔西班牙语中称之为"瓜恰罗"（guácharos），是拟声词〕时，就对这种鸟着了迷：到了光线渐渐变暗的地方，我们听到远处传来夜行性鸟类的嘶哑叫声；当地人认为，这是只属于地下的声音。据他所知，这些鸟"傍晚时离开山洞"去找果实吃，黎明前回到洞里。两

百多年过去，他的观察结果经受住了时间的考验。然后GPS出现了。

生物信标跟踪技术的发现会令洪堡大吃一惊。比如，如今人们知道他笔下的"嘶哑叫声"实际上是一种回声定位手段，原理与蝙蝠的回声定位法类似。我们也能确定，油鸱待在洞里的时间比过去人们认为的少得多。

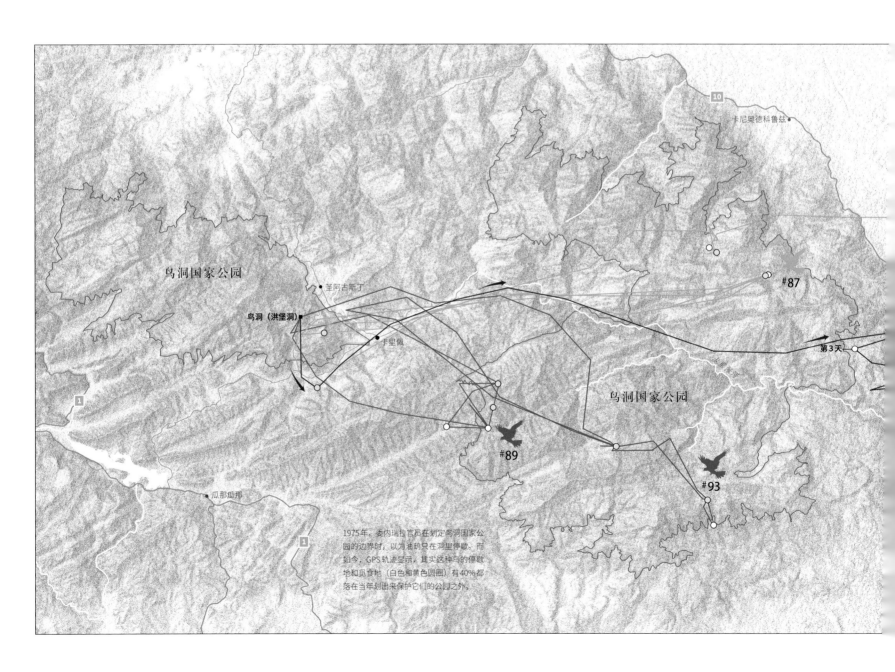

1975年，委内瑞拉官员在划定鸟洞国家公园的边界时，以为油鸱只在洞里停歇。而如今，GPS轨迹显示，其实这种鸟的停歇地和觅食地（白色和黄色圆圈）有40%都落在当年划出来保护它们的公园之外。

2007年，马克斯·普朗克鸟类学研究所的理查德·霍兰（Richard Holland）率领的国际研究团队给12只油鸱装上了GPS跟踪器，想要进一步了解它们在种子传播中的作用。据霍兰的同事马丁·维克尔斯基回忆，在这项研究之前，人们普遍认为"油鸱飞出山洞来到森林，带回种子往洞里一丢就完事了，简直是森林的寄生虫[1]"。然而他们收集到的数据讲述了一个截然不同的故事。"与洪堡想象中的完全不同。"维克尔斯基表

示。油鸱并不是每天都回洞里，而是会在外面待上三天三夜，白天就落在树上休息。事实上，在这项研究中，它们大部分的停歇时间都在洞外度过。有了数据，油鸱一夜之间从"寄生虫"变成了雨林中主要的种子传播者。

加拉加斯
★ ▪— 放大的区域
委内瑞拉

南美洲

---

[1] 一般吃果实的鸟类停歇时排出的鸟粪里带有种子，能帮助传播种子，但当时人们认为油鸱只在洞里停歇，把种子丢在不见天日的洞里，发不了芽，对传播种子没有帮助，所以称它们为寄生虫。——译者注

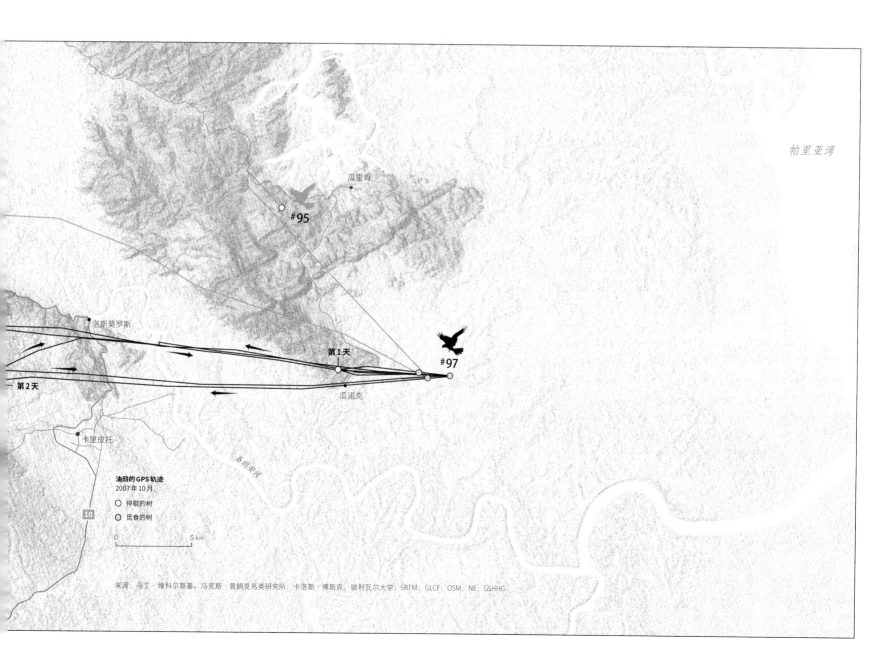

帕里亚湾

瓜里肯

#95

第1天

洛斯莫罗斯

第2天

瓜诺克

卡里皮托

圣胡安河

油鸱的GPS轨迹
2007年10月

○ 停歇的树
● 觅食的树

0   5 km

#97

来源：马丁·维科尔斯基，马克斯·普朗克鸟类研究所；卡洛斯·博斯克，玻利瓦尔大学；SRTM；GLCF；OSM；NE；GSHHG

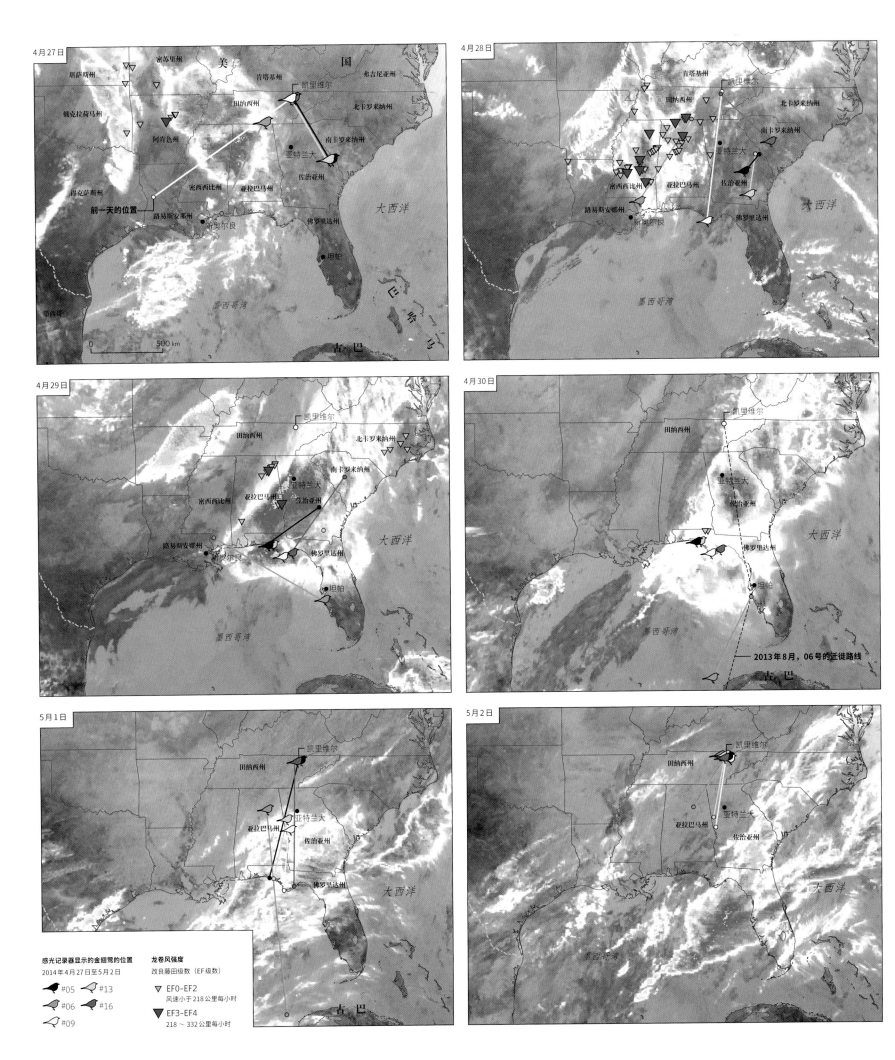

4月27日

密苏里州　美　国
堪萨斯州　肯塔基州　弗吉尼亚州
　　　　　　凯里维尔
俄克拉荷马州　田纳西州　北卡罗来纳州
阿肯色州
　　　　　亚特兰大　南卡罗来纳州
得克萨斯州　密西西比州　佐治亚州
　　　前一天的位置
　　路易斯安娜州　亚拉巴马州
　　新奥尔良　　佛罗里达州　大西洋

墨西哥湾
坦帕
墨西哥
古　巴
500 km

4月28日

肯塔基州
　　　凯里维尔
田纳西州　北卡罗来纳州
　　　　南卡罗来纳州
　　　　亚特兰大
密西西比州　亚拉巴马州　佐治亚州
路易斯安娜州
新奥尔良　佛罗里达州　大西洋

墨西哥湾

4月29日

　　　　凯里维尔
田纳西州
　　　　　北卡罗来纳州
　　　南卡罗来纳州
　　　亚特兰大
密西西比州　亚拉巴马州
　　　　佐治亚州
路易斯安娜州
新奥尔良　佛罗里达州　大西洋
　　坦帕

墨西哥湾

古　巴

4月30日

　　　　凯里维尔
田纳西州
　　　　亚特兰大
　　　佐治亚州
　　　　　佛罗里达州　大西洋
　　　　坦帕

墨西哥湾

—— 2013年8月，06号的迁徙路线

古　巴

5月1日

　　　凯里维尔
田纳西州
　　　亚特兰大
亚拉巴马州
　　　佐治亚州
　　　　佛罗里达州　大西洋

古　巴

5月2日

　　　　凯里维尔
田纳西州
　　　亚特兰大
亚拉巴马州
　　佐治亚州

大西洋

墨西哥湾

感光记录器显示的金翅莺的位置
2014年4月27日至5月2日
#05　#13
#06　#16
#09

龙卷风强度
改良藤田级数（EF级数）
▽ EF0-EF2
风速小于218公里每小时
▼ EF3-EF4
218～332公里每小时

躲避龙卷风的金翅莺

　　亨利·斯特雷比窝在旅馆里等风暴过去。而他研究的鸟另有一种避风的方法。当然，他还蒙在鼓里。

　　那天是2014年4月29日，斯特雷比当时在田纳西大学做博士后，正在研究美国东部金翅莺数量减少的问题。一年前，他为20只金翅莺安装了感光记录器，想要知道它们在哪里越冬。现在他正焦急地等待它们归来。只有证明了金翅莺戴着记录器也能迁徙，他的研究才能继续。到目前为止，只有一只回来了。就在这时，一场突如其来的龙卷风席卷了俄克拉荷马州至北卡罗来纳州一带，把建筑物夷为平地。当天夜晚就有35人死亡。重量只相当于一颗小草莓的金翅莺，要怎样才能逃过一劫？

　　到了5月1日，天气放晴了。斯特雷比找到其中五只鸟，下载了它们的记录器数据。它们全都去了哥伦比亚越冬——故事讲完了，斯特雷比开始对数据做更详细的分析。4月27日，除了一只以外，它们全部都已抵达田纳西州凯里维尔附近的繁殖地。两天后，它们都出现在佛罗里达州。一开始，斯特雷比以为是树遮挡了光，让感光器以为白天变短了（即测得的位置比实际偏南）。但这次偏离的程度比他见过的任何一次"遮光误差"都大，令他百思不得其解。然后他想起来了，是风暴。这些鸟是感受到气压、温度或风速的变化而做出反应的吗？斯特雷比怀疑事实并非如此。"所有变化都发生在风暴前几小时，而金翅莺在风暴前两天就动身了。"是其他东西提醒了它们。有可能是声音。

　　龙卷风会发出低沉的轰鸣，频率低于我们的听觉范围。而鸟不仅从数百公里外就能听见，还能听出龙卷风是否在向着自己移动。如果金翅莺感知到风暴的到来，你可以设身处地思考一下：换成你，你会选择（a）原地不动；（b）飞到寒冬凛冽的北方；（c）沿着风暴的轨迹向西或向东移动；还是（d）往南飞到迁徙路线上熟悉的地方？

即使美国和哥伦比亚的栖息地都得到完美管护，只要中美洲有一处关键停歇点的森林遭到破坏，金翅莺的种群数量就会继续下降。如今，斯特雷比正在追踪430只金翅莺，渐渐把迁徙路线上的更多地点连接起来。他说："如果你想研究鸟，就要研究整个系统。"

来源：亨利·斯特雷比，田纳西大学；NOAA；NE

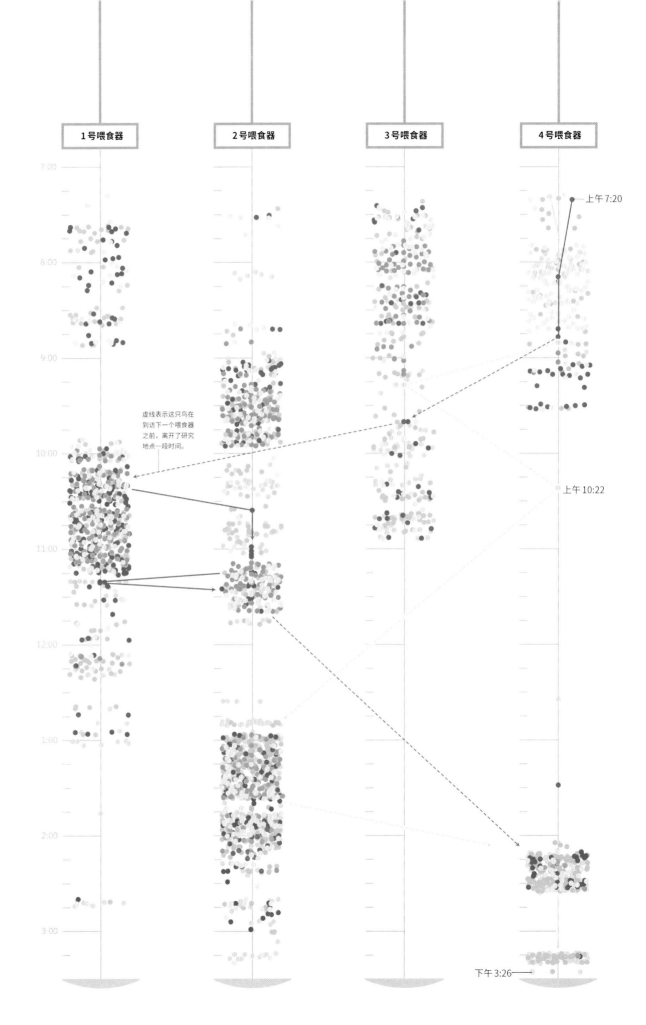

鸣禽在喂食器间的移动
上午7:00—下午3:30
2012 年 2 月 7 日

- 蓝山雀
- 煤山雀
- 大山雀
- 沼泽山雀
- 普通鸸

黑色箭头是一只煤山雀的移动轨迹。上午 7:20，它来到 4 号喂食器，与蓝山雀、沼泽山雀和大山雀一起进餐，待了一个多小时。然后它又经过 3 号喂食器，飞到 1 号喂食器，吃了一顿早点心。在 1 号和 2 号喂食器间来回几次后，它又飞进林中，直到下午 2:15 左右回到 4 号喂食器，吃了当天的最后一顿饭。

我们选定观察的这只大山雀（黄色箭头），一开始的活动和煤山雀差不多，但它在 10:22 单独前往 4 号喂食器的行为比较引人注目。下午 1:00 左右，它又重新加入了鸟群，直到最后在 4 号喂食器结束一天。

虚线表示这只鸟在到访下一个喂食器之前，离开了研究地点一段时间。

上午 7:20

上午 10:22

下午 3:26

鸣禽怎样成群结队

英 国

怀特姆森林

★ 伦敦

六十余年来，科学家先驱们一直把牛津大学的怀特姆森林当作户外实验室，林中的居民是毫不知情的实验对象。知名动物学家罗伯特·欣德（Robert Hinde，珍·古道尔的博士导师）写道，他早期做研究时，曾"在怀特姆森林闲庭信步，带着纸笔，写下看到的东西——简直轻而易举"。然而，这样的时代早已过去。如今的研究者发现，林中散步也是一项很复杂的活动。

作为马克斯·普朗克鸟类学研究所集体行为部门的首席研究员，达米安·法里纳想要理解动物行动中的社会因素。于是，数年前他和同事给怀特姆森林的3,000只鸣禽装上了无线电识别标签，然后布设了65台自动监测站，跟踪它们在树与树之间的移动。概念得到验证后，法里纳又把同样的监测技术用于4个间隔50米远的喂食器，观察不同物种的鸟在取食过程中如何互动。比如，为什么一只山雀明明可以独占一个喂食器，却选择在很

热闹的喂食器旁边跟其他鸟挤来挤去？法里纳认为，鸟类会根据喂食器的拥挤程度来判断食物的多少和质量。人类不也一样吗？我们宁可在人满为患的餐厅外排队一个小时，也不愿冒险尝试旁边那家没什么人的餐厅。

整个研究在冬季连续进行了4天，共计记录到1,904只鸟的91,576次取食行为。图中展示了2012年2月7日的8小时里5个物种间的互动。喂食器每探测到一只鸟，就会记下一个点。大山雀（黄色点）偏好其他大山雀常去的喂食器，而蓝山雀（蓝色点）似乎更喜欢较为多样的鸟群，只有当其他种类的鸟占到至少一半，它们才愿意过去。法里纳结合这些规则做了一个计算机模拟，可以用来测试鸟类如何应对出现在附近的捕食者事件。他预测，在捕食者出现的情况下，山雀就更不会挑剔同桌吃饭的伙伴了，出于安全，它们会选择鸟更多的群体。

来源：达米安·法里纳。马克斯·普朗克鸟类研究所和牛津大学

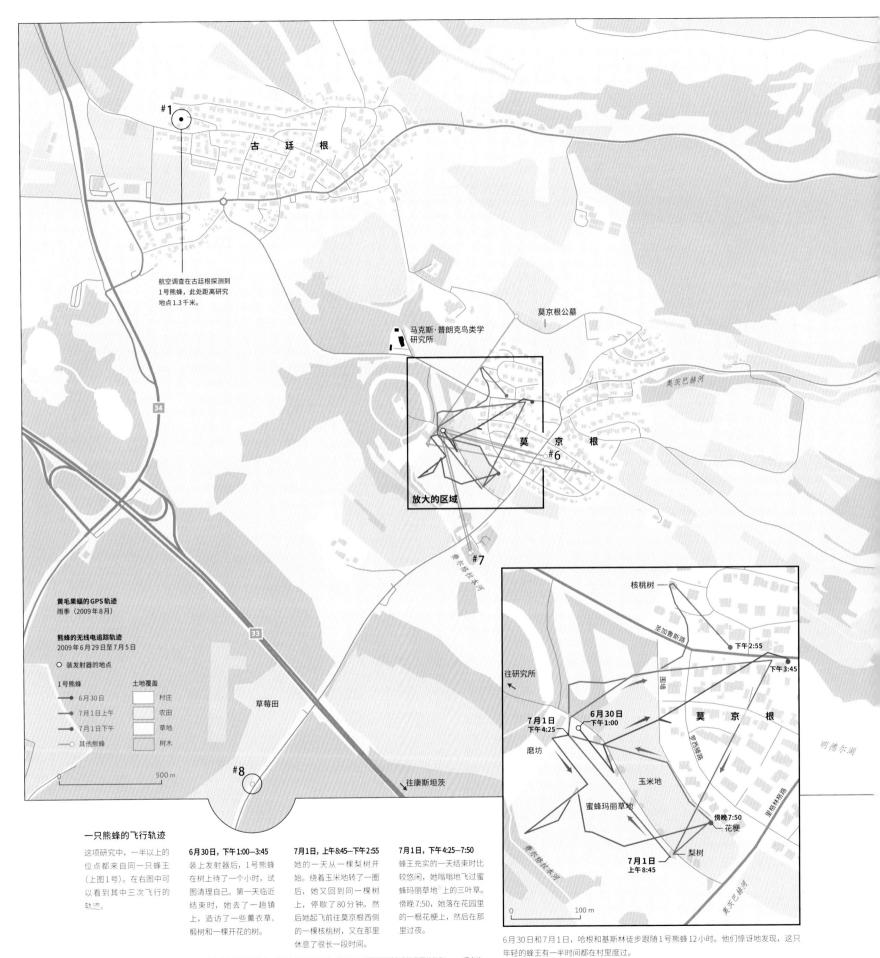

航空调查在古廷根探测到
1号熊蜂,此处距离研究
地点1.3千米。

古 廷 根

#1

莫京根公墓

马克斯·普朗克鸟类学
研究所

奥茨巴赫河

莫 京 根
#6

放大的区域

#7

黄毛果蝠的GPS轨迹
雨季（2009年8月）

熊蜂的无线电追踪轨迹
2009年6月29日至7月5日

○ 装发射器的地点

1号熊蜂	土地覆盖
●→ 6月30日	□ 村庄
●→ 7月1日上午	□ 农田
●→ 7月1日下午	□ 草地
●→ 其他熊蜂	□ 树木

草莓田

500 m

#8

往康斯坦茨

核桃树

下午2:55

下午3:45

圣加鲁斯路

往研究所

莫 京 根

罗西腾路

7月1日
下午4:25

6月30日
下午1:00

磨坊

玉米地

里格林格路

明 德 尔 湖

傍晚7:50
花梗

蜜蜂玛丽草地

梨树

7月1日
上午8:45

弗尔榛拉本河

奥茨巴赫河

0   100 m

一只熊蜂的飞行轨迹

这项研究中,一半以上的
位点都来自同一只蜂王
(上图1号)。在右图中可
以看到其中三次飞行的
轨迹。

6月30日,下午1:00–3:45
装上发射器后,1号熊蜂
在树上待了一个小时,试
图清理自己。第一天临近
结束时,她去了一趟镇
上,造访了一些薰衣草、
椴树和一棵开花的树。

7月1日,上午8:45–下午2:55
她的一天从一棵梨树开
始。绕着玉米地转了一圈
后,她又回到同一棵树
上,停歇了80分钟。然
后她起飞前往莫京根西侧
的一棵核桃树,又在那里
休息了很长一段时间。

7月1日,下午4:25–7:50
蜂王充实的一天结束时比
较悠闲,她嗡嗡地飞过蜜
蜂玛丽草地上的三叶草。
傍晚7:50,她落在花园里
的一根花梗上,然后在那
里过夜。

6月30日和7月1日,哈根和基斯林徒步跟随1号熊蜂12小时。他们惊讶地发现,这只
年轻的蜂王有一半时间都在村里度过。

1: 蜜蜂玛丽草地（Bee Marie meadow）是由当地小学生和研究者一起建立的生物栖息地,种植了三叶草等蝴蝶和蜜蜂需要的植物。——译者注

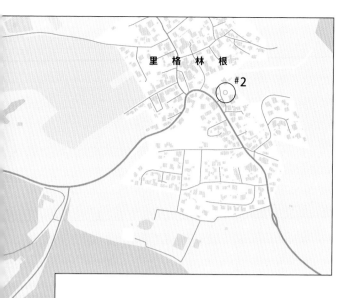

里格林根

#2

#3
迪伦霍夫农场

欧 洲

★ 柏林
放大的区域 · 德国

后院里的熊蜂

人们总是误以为熊蜂笨重得飞不动。这种想法源于把熊蜂想成飞机了。其实，熊蜂是像蜂一样飞的——它们的翅膀划着8字扇动，产生微小的升力涡流。所以或许我们应该把之前的猜想放在一边，研究一下它们到底怎么飞？ 2009年7月，梅拉妮·哈根（Melanie Hagen）、丹尼尔·基斯林（Daniel Kissling）和马丁·维克尔斯基（Martin Wikelski）把微型无线电发射器用胶水粘在德国莫京根村的三种熊蜂身上，第一次追踪它们的移动轨迹。科学家取了当地一个蜂巢里的四只欧洲熊蜂（Bombus terrestris），并在野外找到了三只长颊熊蜂（B. hortorum）和一只大长颊熊蜂（B. ruderatus）。刚一装上发射器，每只熊蜂都停在附近的植物上，花了长达两个小时的时间试图弄掉粘上的附属物。最后，它们都飞向了空中——科学家就在后面不远处跟着。

哈根和基斯林在村里的田地和花园间四处搜寻，维克尔斯基则用一架小飞机追踪飞得较远的熊蜂。发射器重达200毫克，和有些工蜂一样重。但即使背负如此重担，每种中都至少有一只飞行距离超过1千米。2号熊蜂（欧洲熊蜂）飞了2.5千米，到达里格林根村；3号（大长颊熊蜂）中途在莫京根公墓逗留了一会，然后飞到1.9千米外的一处农场；还有一只年轻的蜂王（长颊熊蜂）冒险飞了1.3千米，来到古廷根村。

这些熊蜂似乎对这个时节的作物并不感兴趣，而更喜欢在莫京根的草地和后院巡游，频繁回到同一棵树、同一处栅栏或同一朵花上取食或停歇。

回到草地，研究人员观察到熊蜂在一片野花间觅食，它们有的装有发射器，有的没有。与不受妨碍的同类相比，装有发射器的熊蜂造访的花序数量较少，说明微型发射器还应该做得更小一点。不过，我们还是不妨对熊蜂保持一点信心。莱特兄弟在基蒂霍克（Kitty Hawk）[①]试飞的第一天，一共飞了四次，其中最长一次飞了59秒，而他们认为这已是"重大的成功"。毕竟，人类本来也以为自己不会飞。

---

① 位于美国北卡罗来纳州，1903年发明飞机的莱特兄弟在这里做了第一次飞行试验。——译者注

来源：梅拉妮·哈根，比勒费尔德大学；丹尼尔·基斯林，奥胡斯大学，马丁·维克尔斯基，马克斯·普朗克鸟类研究所；OSM

我们将不停止探索
而我们一切探索的终点
将是到达我们出发的地方
并且是生平第一遭知道这地方。

T. S. 艾略特(T. S. Eliot)①

---

① 译文引自其诺贝尔文学奖获奖作品《四首四重奏》，上海译文出版社，1994年，汤永宽译。——译者注

恩菲尔德商业中心
恩菲尔德

巴尼特

沃尔瑟姆森林

哈灵盖

罗姆福德商业中心

雷德布里奇

哈罗

黑弗灵

希灵登

布伦特

卡姆登

巴金和达格纳姆

哈克尼

伦

敦

埃斯灵顿

伊灵

威斯敏斯特

伦敦城

陶尔哈姆雷茨

纽汉

哈默史密斯和富勒姆

肯辛顿和切尔西

市政厅

希思罗机场

豪恩斯洛

里士满商业中心

旺兹沃思

兰贝斯

萨瑟克

刘易舍姆

格林尼治

贝克斯利

泰晤士河畔里士满

泰晤士河

默顿

大伦敦行政区边界

泰晤士河畔金斯顿

克罗伊登商业中心

布罗姆利

萨顿

克罗伊登

四个商业中心顾客的"推特域"
2016

◉ 商业中心

0 ————————— 5 km

我们可以用生物学家处理动物数据的方法，用模型计算人的"家域"。在这张地图中，我们用的不是GPS位点，而是推特，记录的是去过伦敦地区四个受欢迎购物区的人。每个商业中心都有独特的"地理画像"。克罗伊登商业中心吸引的人来自伦敦的很大一片区域，而罗姆福德商业中心主要吸引东伦敦的人。

人类去哪里

看看白鱀豚吧，这是一种生活在中国河流里的淡水豚类。刚出过几篇关于它们发声的论文，这些家伙就灭绝了。也只能这样了。这些论文一下子从关于一种有趣动物的第一批初步研究，变成了关于这种动物的临终遗言。[①]

——马克·约翰逊，圣安德鲁斯大学海洋哺乳动物研究组

地理学是个包罗万象的学科。我在伦敦大学学院的同事研究范围很广，有研究人们每周购物要走多远的，也有研究气候变化对非洲地表水的影响的。为了区分如此多样的研究兴趣，人们把地理学家分为研究人类的"人文"地理学家，和研究地球运作过程与环境的"自然"地理学家。我的专业是人文地理学，很多时候用的都是交通系统或政府部门收集提供的人口普查数据。所以一开始，写一本动物行为方面的书好像不太符合我的研究方向。不过，我开始处理动物追踪数据之后，对一切都感觉格外熟悉。我开始看到，生物学家想从动物身上了解的事，与我想从人类身上了解的情况有相似之处。与我们合作的许多生物学家也看到了这样的相似之处。为了充分了解一件事情为什么发生，我们常常需要知道这件事发生在哪里，这种共识让我们走到了一起。位置就是一切。而我们研究这一问题的方法也是一致的，不论研究的是蚂蚁、潜水的鲸，还是携带智能手机的人。只需 x 和 y 两个坐标就能描述这个星球上任何一个地点。为了说明高

① 2017年，IUCN评估白鱀豚的状态为极度濒危（可能灭绝）。——译者注

度、海拔或海里的深度，还可以加上第三个坐标z。我们总是处于某个可以用x, y, z表示的位置。

研究者们如今正在收集包括人类在内的数百个物种的x, y, z数据。此时此刻，你的口袋里可能就有追踪设备。斯科特·拉普安用来追踪渔貂的设备（见60～61页），和手机上伪装成运动app让我们自愿开启的正是同一种。而埃米莉·谢泼德用来显示兀鹫盘旋细节的技术（见138～139页）用在汽车上，则可以在事故发生的第一时间通知你的保险公司。或者看看库林遭受枪击后，她的项圈发出的求助短信（见38页）。触发这条警报的算法也可以用来通知你，家里的老人从商店回来途中走失或者迷路了。

为了让这些app能起作用，软件需要知道哪些是"正常"行为，哪些不是。比如，谷歌的地图app预期高速公路上的小轿车行驶速度是110千米每小时。当你的车（连同你和你的手机）的移动速度放慢了一半时，app就知道这个路段拥堵了。同样，研究人和动物的科学家目前都在利用传感器定义移动的普遍规律：什么样的速度、动作序列和姿势能够用来区分觅食行为和休息？或者区分坐公交车和骑自行车？

也许数据很快也可以用来检测精神状态了。我在伦敦大学学院的同事米克罗·穆索勒斯展示了如何利用智能手机监测抑郁状态。他和卢卡·坎齐安（Luca Canzian，伯明翰大学）开发了一款app，可以让参加研究项目的人监测自己的活动情况。从这些追踪结果中，他们发现如果人们一天当中移动多长距离、去多少个地方和到这些地方去的频率不同于日常，就可能

意味着这些人正处于抑郁状态。这个应用的前景在于，如果数据足以指向问题的话，那么早期警告系统可以让医护人员打电话联系此人。

反过来说，这些技术进步也会带来更高级的动物监测方法。这样，生物学家和软件工程师之间就形成了互相促进的关系。

我自己的博士研究是关于姓氏的地域传播的，很大程度上借鉴了动物学的研究方法。我当时在探索如何通过研究姓名，了解欧洲各地历史上和当代的文化群体分化情况。在研究中，我寻找某一姓氏（比如"乌贝蒂"）最常出现的区域（意大利北部），因为这样的区域可能是该姓氏的起源地，或者至少是这个国家最早出现该姓氏的地区。对本书中的许多动物，科学家也用类似的方法研究它们的生活。他们会拿一批"目击记录"，把目击记录最集中的地区画一道线圈出来。在姓氏研究中，我把这种区域称为"核心"地区；动物学家则称其为一只动物的"家域"。

这样的过程名为"地理画像"（geoprofiling），而我们才刚刚开始发掘它的潜能。伦敦大学玛丽皇后学院的史蒂夫·勒孔贝（Steve Le Comber）和加拿大的犯罪学家金·罗斯莫（Kim Rossmo）利用地理画像，重新开始调查开膛手杰克这一古老案件。他们把谋杀发生地一一插入模型，由此推测这位大名鼎鼎的连环杀手住在伦敦东区的弗劳尔和迪安街（Flower and Dean Street）。勒孔贝甚至利用140幅"班克斯"（Banksy）[1]街头艺术作品的位置，来推测这位行踪隐秘的艺术家

---

① 英国匿名街头涂鸦艺术家，班克斯是假名。20世纪90年代以来他活跃于世界各大城市，行踪神秘。——译者注

的真实身份。

同时，我的一位博士生在和我一起探索评估伦敦各商业中心活力的方法。成功的店主了解自己的客户，而且常会通过社交媒体与客户交流。考虑到这一点，艾莉森·劳埃德（Alison Lloyd）挖掘了数百万条推特，从中找出从商业中心附近发出的那些状态，然后在地图上标出同一群体还在伦敦其他哪些地方发过推特。前页中展示了四个"推特域"①，显示出它们在大小和形状上的区别——这样的信息能帮助商户了解哪些人会到访他们的店面。这种方法与安德烈亚·弗拉克观察白鹳是在湿地还是在垃圾场觅食时所用的方法十分相似（见144～145页）。

研究人和动物所用的方法如此相似，以至于数据科学家确定最需要建学校的地点后，只要修改几行代码就可以去识别北极燕鸥最喜欢的一处觅食地。也许我们现在就可以请犯罪学家预测入室窃贼接下来会在哪里作案，就和科学家猜测熊蜂接下来会造访哪个花丛采用的方法相同。这两个例子都没有把收集所需数据的难度纳入考虑，但一旦我们有了数据，人类与动物行为研究之间的界线就变得模糊了。

在花了几百小时处理本书中的生物信标数据，并与收集数据的研究者们交谈之后，我相信，在这许多动物行踪的纠缠、沉浮与集聚之中，或许隐藏着一些线索，可以解决人类社会中存在了更长时期的问题。数据对于保护的重要性，怎么强调都不为过，反过来也是如此。如果没有保护，许多物种会在我们能够收集和解读它们的数据之前消失。

位置就是一切。而我们研究这一问题的方法也是一致的，不论研究的是蚂蚁、潜水的鲸，还是携带智能手机的人。

早在1976年，动物追踪和运动分析领域的先驱托尔斯滕·黑格斯特兰德（Torsten Hägerstrand）就写过一篇文章，谈论了科学与技术革命背景下"自然与社会的互动"。他敦促地理学家考虑"如何让人类在个人生活变得丰富多彩的同时……又能让动植物同伴们过得安稳"的问题。21世纪，正是我们实现这一愿景的良机。人类创新的需求并不会减退，但我们可以利用技术来支持，而不是去威胁自然。这么做的同时，我们也许还能顺便更好地理解自己的行为。

詹姆斯·切希尔

---

① Tweet ranges，这里类比于野生动物的家域（home ranges）。——译者注

延伸阅读

关于动物

关于动物的知觉和个体性，没有哪本书比卡尔·萨菲纳（Carl Safina）的《更胜言语》（*Beyond Words*, 2015）讲得更好了，这本是必读书。伊恩和奥里亚·道格拉斯-汉密尔顿（Iain and Oria Douglas-Hamilton）所著的《生活在象群中》（*Among the Elephants*, 1975）和《为大象而战》（*Battle for the Elephants*, 1992）引人入胜地描述了他们在马尼亚拉湖边的研究，还有他们为警醒全球象牙贸易的危害所付出的努力。菲利普·霍尔（Philip Hoare）的《利维坦，或鲸》（*Leviathan, or the whale*, 2009）启发了我们在鲸类学领域的初次尝试，而《一万种鸟》〔*Ten Thousand Birds*，T. 伯克黑德（Birkhead, T.）、J. 温彭尼（Wimpenny, J.）、B. 蒙哥马利（Montgomerie, B.）2014年著〕和霍拉肖·克莱尔（Horatio Clare）的《一只燕子》（*A Single Swallow*, 2010）让我们能够像候鸟一样思考。

要是想了解更多关于追踪技术早期的情况，艾蒂安·本森（Etienne Benson）所著的《有信号的荒野》（*Wired Wilderness*, 2010）一书中有详尽的细节。彼得·米勒（Peter Miller）的《群的智慧》（*The Smart Swarm*, 2010）揭示了人类如何通过模仿鸟类和昆虫的行为而从中获益。

如果需要一股乐观主义的力量，简·古道尔（Jane Goodall）在《希望》（*Hope for Animals and Their World*, 2009）一书中写下了许多不同物种绝处逢生的故事。在《野生》（*Feral*, 2014）中，乔治·蒙比奥（George Monbiot）描述了景观如何被"重新野化"的过程。E. O. 威尔逊（E. O. Wilson）的《看得见永恒的窗口》（*A Window on Eternity*, 2014）更证实了这一过程。

关于地图

爱德华·塔夫特（Edward Tufte）在经典三部曲中所述的原则一直指引着我们完成本书的创作，这三本书分别是，《构想信息》（*Envisioning Information*, 1990）、《视觉解释》（*Visual Explanations*, 1997）和《定量信息

针对伦敦的创意地图和数据可视化由来已久。詹姆斯和奥利弗的第一本书《伦敦：信息之都》（*London: The Information Capital*, 2014）便继承了这一事业，书中的100幅地图和图表会让你换一种方式看待这座城市。

的视觉显示》(The Visual Display of Quantitative Information, 2001)。赫伯特拜尔·(Hebert Bayer) 的《世界地理图集》(World Geographic Atlas, 1953) 至今仍是地图设计的基准,《想象的地图》〔 Maps of the Imagination、P. 图尔希 (Turchi, P), 2004〕论述了地图制图师与作家的相似之处;《图形符号学》〔 Semiology of Graphics, J. 贝尔坦 (Bertin, J.), 2011 年版〕和《地图中的地形表现》〔 Cartographic Relief Presentation, E. 英霍夫 (Imhof, E.), 2007 年版〕是永恒的经典。最后, 朱迪斯·莎兰斯基 (Judith Schalansky) 的《看不见的岛屿》(Atlas of Remote Islands, 2010) 也值得特别一提。她的手绘地图启发我们编写了软件, 可以在大陆尺度上生成同样风格的地图。

关于数据

如果你受到启发, 想要找些动物数据来自己绘图, 可以从 Movebank (movebank.org)、zoaTrack (zoatrack.org) 和 Dryad (datadryad.org) 这几个网站开始。

注 释

Best Beloved: Kipling, Rudyard. (1902) *Just So Stories*. London: Macmillan and Co., 225.

前 言

Population figures, details of the collaring expedition, Fay's quote and the map of Annie's tracks: Fay, J. Michael. 'Ivory Wars: Last Stand in Zakouma.' *National Geographic*, March 2007.

If you can put yourself: Ibid., video.
ngm.nationalgeographic.com/2007/03/ivory-wars/zakouma-video-interactive

It's much, much easier: Douglas-Hamilton, Iain. Interview. 17 March 2016.

In 2008, the Wildlife Conservation Society: Christy, Bryan. 'Tracking Ivory.' *National Geographic*, September 2015, 53.

Nearly 90 per cent: Ibid., 41.

Two kills in 2015: Neme, Laurel. 'Elephant Killings in Chad's Signature Park Cause Alarm.' *National Geographic*, 1 September 2015.
news.nationalgeographic.com/2015/09/150901-elephants-poaching-chad-zakouma-national-park-ivory

引 言

It seems that people: Benson, Etienne. (2010) *Wired Wilderness*. Baltimore: The Johns Hopkins University Press, 23.
Audubon was tying threads: Callahan, D. *A History of Birdwatching in 100 Objects*. London: Bloomsbury, 2014.

Pigeons with automatic cameras: en.wikipedia.org/wiki/Pigeon_photography

Radio transmitter: Lord, Jr., Rexford D. et al. (1962) Radiotelemetry of the Respiration of a Flying Duck. *Science* 137: 39–40.

GPS collars: Douglas-Hamilton, Iain. (1998) 'Tracking African Elephants with a Global Positioning System (GPS) Radio Collar.' *Pachyderm* 25: 81–92.

Non-invasive observation: Owen, Megan. Interview. 20 October 2015.

For more on bio-logging:
Hays, G. et al. (2016) Key questions in marine megafauna movement ecology. *Trends in Ecology & Evolution* 31: 463–75.

Kays, R. et al. (2015) Terrestrial animal tracking as an eye on life and planet. *Science* 348: 1255642.

Hussey, N. et al. (2015) Aquatic animal telemetry: a panoramic window into the underwater world. *Science* 348: 1–10.

Naito, Y. (2003) New steps in bio-logging science. *Memoirs of National Institute of Polar Research* 58: 50–57.
Starting in February: NOAA. *www.fisheries.noaa.gov/pr/species/mammals/seals/northern-fur-seal.html*

Where we are with giraffe: O'Connor, David. Presentation at San Diego Zoo Global. 15 May 2015.

Fennessy quotes, giraffe population figures and collaring stories: Fennessy, Julian. Interview. 12 January 2016.

OJ1: Flanagan, S. et al. (2016) Use of home range behavior to assess establishment in translocated giraffes. *African Journal of Ecology* 54 (3): 365–74.

He equipped each badger: Noonan, M. J. et al. (2015) A new magneto-inductive tracking technique to uncover subterranean activity: what do animals do underground? *Methods in Ecology and Evolution* 6: 510–520.

Wilson anecdotes and quotes: Wilson, Rory. Interview. 19 April 2016

Hebert anecdotes, quotes and biodiversity figures: Hebert, Paul. Interview. 5 April 2016.

5 million specimens: Barcode of Life Data System. *boldsystems.org*

DNA of seized ivory: Wasser, Samuel K. et al. 'The Ivory Trail.' *Scientific American*, July 2009, 68–76.

Dung of two zebra: Kartzinel, Tyler R. et al. (2015) DNA metabarcoding illuminates dietary niche partitioning by African large herbivores. *PNAS* 112 (26): 8019–24.

DNA in the leeches: Ji, Yinqiu et al. (2013) Reliable, verifiable, and efficient monitoring of biodiversity via metabarcoding. *Ecology Letters* 16: 1245–57.

Due to human impact: Williams, M. et al. (2015) The Anthropocene biosphere. *The Anthropocene Review* 2 (3): 196–219.

We all use data differently: Franklin, Craig. Interview. 15 March 2016.

They're sitting on: Dwyer, Ross. Interview. March 2016.

For more on zoaTrack, see: Dwyer, R. et al. (2015) An open Web-based system for the analysis and sharing of animal tracking data. *Animal Biotelemetry* 3 (1): s40317-014-0021-8.

As soon as we tag: Johnson, Mark. Interview. 14 April 2016.

Collaring is a stress: Douglas-Hamilton, Iain. Interview. 17 March 2016.

For more on the ethics of bio-logging, see: Wilson, R. P. & McMahon, C. R. (2006) Measuring devices on wild animals: what constitutes acceptable practice? *Frontiers in Ecology and the Environment* 4 (3): 147–154.

A website called Movebank: Wikelski, Martin. Interview. 16 December 2015.

For more on Movebank, see: Kranstauber, B.

地图来源

我们的地图采用了广泛的来源。我们在正文中简化了这些来源，现完整引用在下方。很多图表的绘制也得益于我们在研究人员提供的信息基础上添加的内容。

地形

GEBCO: General Bathymetric Chart of the Oceans
gebco.net

SRTM: Shuttle Radar Topography Mission, courtesy of NASA and downloaded from the OpenTopography Facility with support from the National Science Foundation under NSF Award Numbers 1226353 & 1225810

道路、河流、湖泊、冰川、城市地区、土地利用

CLC: Corine Land Cover Classification 2012. Copernicus Land Monitoring Services
land.copernicus.eu/pan-european/corine-land-cover/clc-2012

GELU: A New Map of Global Ecological Land Units. Produced in collaboration with USGS and ESRI Inc.
aag.org/global_ecosystems

NE: Natural Earth
naturalearthdata.com

OSM: OpenStreetMap contributors CC-BY-SA *openstreetmap.org*

USGS: United States Geological Survey's 'The National Map'
nationalmap.gov

林木植被

GLCF: Global Land Cover Facility
glcf.umd.edu/data/landsatTreecover

国家公园

WDPA: IUCN and UNEP-WCMC (2016), The World Database on Protected Areas
protectedplanet.net

边境线

GADM: GADM database of Global Administrative Areas
gadm.org

海岸线

GSHHG: A Global Self-consistent, Hierarchical, High-resolution Geography Database. *ngdc.noaa.gov/mgg/shorelines/gshhs.html*

海洋生产力和洋流

NPP: Net primary production Standard Products Oregon State University
science.oregonstate.edu/ocean.productivity

SODA: Carton, J. A. et al. (2000) A Simple Ocean Data Assimilation Analysis of the Global Upper Ocean 1950-95. Part II: Results. *Journal of Physical Oceanography* 30: 311–26. *atmos.umd.edu/~ocean*

风和天气

NOAA: National Weather Service Enhanced Radar Images
radar.weather.gov

TCR: Twentieth Century Reanalysis (V2): Monthly Mean Pressure Level Data
esrl.noaa.gov/psd/data/gridded/data.20thC_ReanV2.pressure.mm.html

卫星图像

LANDSAT: Courtesy of NASA
landsat.gsfc.nasa.gov

MODIS: Courtesy of NASA
worldview.earthdata.nasa.gov

截至2016年8月，这些网站仍能正常使用

et al. (2011) The Movebank data model for animal tracking. *Environmental Modeling and Software* 26: 834–35. Or go to: *movebank.org.*

To track progress of the ICARUS initiative visit: *icarusinitiative.org*

As much data as possible: Holland, Melinda. Interview. 19 November 2015.

第一部

You can hear them: Dillard, Annie. (1974) 'Northing.' *A Pilgrim at Tinker Creek.* New York: Harper's Magazine Press, 252.

发短信求助的大象

Douglas-Hamilton quotes: Douglas-Hamilton, Iain. Interviews. 16–17 March 2016.

For more on Douglas-Hamilton's early radio tracking efforts, see: Douglas-Hamilton, I. & Douglas-Hamilton, O. (1975) 'Radio-Elephants.' *Among the Elephants.* London: William Collins Sons & Co. Ltd. 101–17.

The collars included: Douglas-Hamilton, Iain. (1998) 'Tracking African Elephants with a Global Positioning System (GPS) Radio Collar.' *Pachyderm* 25: 81–92.

It's revolutionary: Pope, Frank. Interview. 16 March 2016.

Nine elephants in southern Mali: Wall, J. et al. (2013) Characterizing properties and drivers of long distance movements by elephants (*Loxodonta africana*) in the Gourma, Mali. *Biological Conservation* 157: 60–68.

The trip to Samburu to check on Kulling was conducted on 20–22 March 2016.

斑 马

Bartlam-Brooks quotes and tracking study: Bartlam-Brooks, H. L. A. et al. (2011) Will reconnecting ecosystems allow long-distance mammal migrations to resume? A case study of a zebra (*Equus burchelli*) migration in Botswana. *Oryx* 45 (2): 210–216.

By comparing two years of tracks: Bartlam-Brooks, H. L. A. et al. (2013) In search of greener pastures – using satellite images to predict the effects of environmental change on zebra migration. *Journal of Geophysical Research: Biogeosciences* 188: 1–11.

Chobe River: Naidoo, R. et al. (2016) A newly discovered wildlife migration in Namibia and Botswana is the longest in Africa. *Oryx* 50 (1): 138–46.

斑鬣狗

Cozzi, G. et al. (2015) Effects of trophy hunting leftovers on the ranging behaviour of large carnivores: A case study on spotted hyenas. *PLoS ONE* 10 (3): e0121471.

狒 狒

Strandburg-Peshkin, A. et al. (2015) Shared decision-making drives collective movement in wild baboons. *Science* 348: 1358–61.

In future studies: Farine, Damien. Interview. 12 October 2015.

All group members: 'Baboon troop movements are "democratic."' University of Oxford press release. 18 June 2015. *www.ox.ac.uk/news/2015-06-18-baboon-troop-movements-are-democratic*

猩 猩

Wich, S. et al. (2016) A preliminary assessment of using conservation drones for Sumatran orang-utan (*Pongo abelii*) distribution and density. *Journal of Unmanned Vehicle Systems* 4: 45–51.

In twenty minutes: Wich, Serge. TEDxLiverpool: *www.youtube.com/watch?v=GTsMi43Mugo*

To see the drones, visit: conservationdrones.org

美洲豹

Tobler, Mathias. (2015) 'Estimating jaguar densities and evaluating the impact of sustainable logging on the large mammal community of the Southwestern Amazon.' Forest Stewardship Council report.

He began reviewing: Tobler, M. W. & Powell, G. V. N. (2013) Estimating jaguar densities with camera traps: Problems with current designs and recommendations for future studies. *Biological Conservation* 159: 109–18.

90 per cent: Tobler, Mathias. Interview. 1 February 2016.

美洲狮

Hollywood sign: Photograph by Steve Winter. 'Cougars.' *National Geographic*, December 2013.

Under a house: Groves, M. & Jennings, A. 'P-22 vacates home, heads back to Griffith Park, wildlife officials say.' *Los Angeles Times.* 14 April 2015.

Dismembered koala: Serna, J. & Branson-Potts, H. 'Griffith Park mountain lion P-22 suspected of killing koala at L.A. Zoo.' *Los Angeles Times.* 10 March 2016.

When people see him: Vickers, T. Winston. Interview. 21 May 2015.

In the late 1980s: Morrison, S. A. et al. (2009) Conserving Connectivity: Some Lessons from Mountain Lions in Southern California. *Conservation Biology* 23 (2); 275–85.

M56: Vickers, T. W. et al. (2015) Survival and Mortality of Pumas (*Puma concolor*) in a Fragmented, Urbanizing Landscape. *PLoS ONE* 10 (7): e0131490.

The DNA shows: Ernest, H. B. et al. (2014) Fractured Genetic Connectivity Threatens a Southern California Puma (*Puma concolor*) Population. *PLoS ONE* 9 (10): e107985.

M86 family tree: Vickers, T. Winston. Interview. 24 August 2015.

渔 貂

LaPoint, S. et al. (2013) Animal behavior, cost–based corridor models, and real corridors. *Landscape Ecology* 28: 1615–30.

Two thousand coyotes: Dell'Amore, C.

'Downtown Coyotes: Inside the Secret Lives of Chicago's Predator.' *National Geographic*, 21 November 2014. *news.nationalgeographic.com/ news/2014/11/141121-coyotes-animals-science-chicago-cities-urban-nation*

Leopards prowl downtown Mumbai: Conniff, Richard. 'Learning to Live with Leopards.' *National Geographic*, December 2015. *Wolf walked . . . Dutch village:* Feltman, R. 'For the first time in a century, a wolf was in the Netherlands.' *The Washington Post.* 12 March 2015. *www.washingtonpost.com/news/ speaking-of-science/wp/2015/03/12/for-the-first-time-in-a-century-a-wolf-was-in-netherlands*

We went to that point: Kays, Roland. 'Tracking Urban Fishers Through Forest and Culvert.' Web blog post. *Scientist at Work.* The New York Times Company, 9 February 2011.

Getting out in the forest: Kays, Roland. 'Following in the Footsteps of a Suburban Fisher.' Web blog post. *Scientist at Work.* The New York Times Company, 1 February 2011.

狼

Chapron, G. et al. (2014) Recovery of large carnivores in Europe's modern human-dominated landscapes. *Science* 346: 1517–9.

Ražen, N. et al. (2016) Long-distance dispersal connects Dinaric-Balkan and Alpine grey wolf (*Canis lupus*) populations. *European Journal of Wildlife Research* 62: 137–42.

Potočnik quotes: Potočnik, Hubert. Interview. 29 October 2015.

加拿大马鹿

Middleton, A. et al. (2013) Animal migration amid shifting patterns of phenology and predation: lessons from a Yellowstone elk herd. *Ecology* 94 (6): 1245–56.

Middleton quotes and collaring stories: Middleton, Arthur. Interview. 27 August 2015.

Four million people: National Park Service. *www.nps.gov/yell/planyourvisit/visitationstats.htm*

$138 million: 'The Pulse of the Park.' *National Geographic*, May 2016, supplement.

雉 鸡

Norbu, N. et al. (2013) Partial altitudinal migration of a Himalayan forest pheasant. *PLoS ONE* 8 (4): e60979. *Tragopan mating dance: youtu.be/7l79rgG9bDk*

I am afraid anything I can say: Smith, C. Barnby. (1912) The display of the Satyr Tragopan Pheasant, *Ceriornis satyra.* *Avicultural Magazine* 3 (6): 153–55.

Some go up: Wikelski, Martin. Interview. 16 December 2015.

蟒 蛇

Pittman, S. et al. (2014) Homing of invasive Burmese pythons in South Florida: evidence for map and compass senses in snakes. *Biology Letters* 10: 20140040.

Python Challenge: pythonchallenge.org

Tens of thousands of pythons: Gade, M. & Puckett, C. 'The Big Squeeze: Pythons and Mammals in Everglades National Park.' *USGS.* 6 February 2012. *www2.usgs.gov/blogs/ features/usgs_top_story/the-big-squeeze-pythons-and-mammals-in-everglades-national-park*

For more on animals' use of magnetic fields, see: Lohman, K. J. et al. (2007) Magnetic maps in animals: nature's GPS. *Journal of Experimental Biology* 210: 3697–705.

蚂 蚁

Mersch, D. et al. (2013) Tracking individuals shows spatial fidelity is a key regulator of ant social organization. *Science* 340: 1090–1093.

Ant-inspired software: Miller, P. (2010) *The Smart Swarm.* New York: Avery. 20–26.

第二部

Consider the subtleness: Melville, Herman. (1922) *Moby-Dick; or, The Whale.* London: Constable & Co..

在脸书上观鲸

The trip to the Westman Islands was conducted on 6–12 July 2016.

Michael Bigg: en.wikipedia.org/wiki/Michael_Bigg

Earliest whale tracking devices: Burnett, D. G. (2013) *The Sounding of the Whale: Science and Cetaceans in the Twentieth Century.* Chicago: University of Chicago Press.

Townsend set about sourcing: Townsend, C. H. (1931) Where the Nineteenth Century Whaler made his catch. *New York Zoological Society Bulletin* xxxiv (6): 173–9.

More than 1,600 voyages: Townsend, C. H. (1935) The distribution of certain whales as shown by logbook records of American whaleships. *Zoologica* XIX (1): 8–18.

To see view the original Townsend maps and his data, visit: canada.wcs.org/wild-places/global-conservation/townsend-whaling-charts.aspx

Pequod route: Melville, H., Parker, H., & Hayford, H. (2002) *Moby Dick.* New York: Norton.

Paul Dudley White . . . part of a team: King, R. L., Jenks, J. L., White, P. D. (1953) The electrocardiogram of the beluga whale. *Circulation* 8: 387–93.

An expedition: White, P. D. W & Matthews S. W. 'Hunting the Heartbeat of a Whale.' *National Geographic*, July 1956.

The whales were singing: Payne, R. & McVay, S. (1971). Songs of humpback whales. *Science* 173 (3997): 585–97.

Nobody used it: Payne, R. *Among Whales.* New York: Pocket Books, 1995.

Largest one-time pressing: Burnett. (2013)

Johnson & Swift quotes: Interview. 14 April 2016.

DTAGs: Johnson, M. P. & Tyack, P. L. (2003)

A digital acoustic recording tag for measuring the response of wild marine mammals to sound. *IEEE Journal of Oceanic Engineering* 28 (1): 3–12.

Sound exposure on beaked whales: Miller, P. J. O. et al. (2015) First indications that northern bottlenose whales are sensitive to behavioural disturbance from anthropogenic noise. *Royal Society Open Science* 2: 140484.

Northern right whales: Allen, Leslie. 'Drifting in Static.' *National Geographic*, January 2011, 28–30.

Caused a blue whale: Goldbogen, J. et al. (2013) Blue whales respond to simulated mid-frequency military sonar. *Proceedings of the Royal Society B* 280: 20130657.

For more on the Icelandic killer whales, see: Samarra, F. & Foote, A. (2015) Seasonal movements of killer whales between Iceland and Scotland. *Aquatic Biology* 24 (1): 75–9.

Samarra, F. (2015) Prey-induced behavioural plasticity of herring-eating killer whales. *Marine Biology* 162: 809–21.

To follow the Icelandic Orcas project, visit: www.facebook.com/icelandic.orcas

座头鲸

Garrigue, C. et al. (2015) Satellite tracking reveals novel migratory patterns and the importance of seamounts for endangered South Pacific humpback whales. *Royal Society Open Science* 2: 150489.

IUCN Red List: Megaptera novaeangliae. www.iucnredlist.org/details/13006/0

Global Seamount Census: Wessel, P. et al. (2010) The Global Seamount Census. *Oceanography* 23 (1): 24–33.

Nuclear submarine: Drew, C. 'Adrift 500 Feet Under the Sea, a Minute Was an Eternity.' *The New York Times.* 18 May 2005. www.nytimes.com/2005/05/18/us/adrift-500-feet-under-the-sea-a-minute-was-an-eternity.html?_r=0

海 龟

My God, there's a lot of turtles: Hawkes, Lucy. Interview. 3 March 2016.
A loggerhead named Fisher: www.seaturtle.org/tracking/index.shtml?tag_id=49818a&full=1&lang=&dyn=1464532820

Ascension Island: Luschi, P. et al. (1998) The navigational feats of green sea turtles migrating from Ascension Island investigated by satellite telemetry. *Proceedings of the Royal Society B: Biological Sciences* 265 (1412): 2279–84.

Chagos Archipelago: Hays, G. C. et al. (2014) Use of long-distance migration patterns of an endangered species to inform conservation planning for the world's largest marine protected area. *Conservation Biology* 28 (6): 1636–44.

Cabo Verde: Hawkes, L. et al. (2006) Phenotypically linked dichotomy in sea turtle foraging requires multiple conservation approaches. *Current Biology* 16, 990–995.

Canary Islands: Varo-Cruz et al. (2016) New findings about the spatial and temporal use of the Eastern Atlantic Ocean by large juvenile loggerhead turtles. *Diversity and Distributions* 1–12.

恐惧景观

Hammerschlag, N. et al. (2015) Evaluating the landscape of fear between apex predatory sharks and mobile sea turtles across a large dynamic seascape. *Ecology* 96 (8): 2117–26.

鲨 鱼

Meyer, C. G. et al. (2010) A multiple instrument approach to quantifying the movement patterns and habitat use of tiger (*Galeocerdo cuvier*) and Galapagos sharks (*Carcharhinus galapagensis*) at French Frigate Shoals, Hawaii. *Marine Biology* 157: 1857–68.

Killed 4,668 sharks: Tester, A. L. (1960) Fatal Shark Attack, Oahu, Hawaii, December 13, 1958. *Pacific Science* 14 (2): 181–4.

Holland quotes and shark tales: Holland, Kim. Interview. 24 November 2015.
Three to four bites: dlnr.hawaii.gov/sharks/shark-incidents/incidents-list/

50 ocean drownings: Galanis, D. (2015) 'Water Safety and Drownings in Hawaii.' Presentation. Hawaii Department of Health. health.hawaii.gov/injuryprevention/files/2015/08/wsocon15a.pdf

海 豹

Fedak, M. A. (2012) The impact of animal platforms on polar ocean observation. *Deep-Sea Research II* 88–9: 7–13.

Fedak quotes: Fedak, Mike. Interview. 22 April 2016.

Recalls unease from other researchers: Boehme, Lars. Interview. 20 October 2015.

First seal I introduce: Blight, Clinton. Interview. 20 October 2015.

MEOP: meop.net

Global Ocean: NOAA. oceanservice.noaa.gov/education/tutorial_currents

海 獭

Tarjan, L. M. & Tinker, M. T. (2016) Permissible home range estimation (PHRE) in restricted habitats: A new algorithm and an evaluation for sea otters. *PLoS ONE* 11 (3): e0150547.

Tinker, M. T., Staedler, M. M., Tarjan, L. M., Bentall, G. B., Tomoleoni, J. A., and LaRoche, N. L. (2016) Geospatial data collected from tagged sea otters in central California, 1998–2012: U.S Geological Survey data release. doi:10.5066/F76H4FH8

Such a rare mammal: Anthony, H. E. (1928) *Field book of North American mammals.* New York: G. P. Putnam's Sons, 119.

Then in 1938: Sharpe, Howard G. Personal account. seaotters.org/pdfs/extinct.pdf

They are reliant: Tinker, M. Tim. Interview. March 2016.

Monterey Bay otter details: Staedler, M. Email. 18 July 2016.

Espinosa quotes: Espinosa, Sarah. Interview. 30 September 2015.

Ideal environment: Eby, Ron. Interview. 30 September 2015.

Elkhorn Slough otter details: Espinosa, S. Email. 18 July 2016.

For more on conserving sea otters in Monterey Bay, visit: www.montereybayaquarium.org/ conservation-and-science/our-priorities/thriving- ocean-wildlife/southern-sea-otters

鳄 鱼

Campbell, H. A. et al. (2013) Home range utilisation and long-range movement of estuarine crocodiles during the breeding and nesting season. *PLoS ONE* 8 (5): e62127.

Fewer than one person dies: crocodile-attack.info

I dread it every time: Franklin, Craig. Interview. 17 March 2016.

I can't deal with it: Ibid.

We tag pretty much: Dwyer, Ross. Interview. 15 March 2016.

浮游动物

Ekvall, M. T. et al. (2013) Three-dimensional tracking of small aquatic organisms using fluorescent nanoparticles. *PLoS ONE* 8 (11): e78498.

Largest migration on Earth: van Haren, H. & Compton, T. J. (2013) Diel Vertical Migration in Deep Sea Plankton Is Finely Tuned to Latitudinal and Seasonal Day Length. *PLoS ONE* 8 (5): e64435.

To pinpoint cancer cells: McGinley, L. 'Deadly and beautiful: The mesmerizing images of cancer research.' *The Washington Post.* 11 July 2016. www.washingtonpost.com/national/

health-science/deadly-and-beautiful-the-mesmerizing- images-of-cancer-research/2016/07/11/307edb24- 43a3-11e6-8856-f26de2537a9d_story.html

Jellyfish: Hays, G. et al. (2012) High activity and Lévy searches: jellyfish can search the water column like fish. *Proceedings of the Royal Society B* 279: 465–73.

第三部

When the blackbird: Stevens, Wallace. 'Thirteen Ways of Looking at a Blackbird.' *Collected Poems by Wallace Stevens.* London: Faber and Faber Ltd.

透过更广的镜头观鸟

It is one thing to study: Clarke, W. E. (1912) *Studies in Bird Migration,* vol. 2. London: Gurney and Jackson. 40.

Why do they leave: Ibid., vol. 1, 15.

It must be left: Ibid., 102.

Arthur Allen: Gallagher, T. (2015) 'A Century of Bird Study.' *Living Bird.* www.allaboutbirds.org/a-century-of-bird-study

The visit to the Cornell Lab of Ornithology was conducted on 7 April 2016.

Great Backyard Bird Count: gbbc.birdcount.org

eBird: ebird.org

For more on the academic motivations behind eBird, see: Sullivan, B. L. (2009) eBird: A citizen-based bird observation network in the biological sciences. *Biological Conservation* 142: 2282–92.

Wood, C. et al. (2011) eBird: Engaging birders in Science and Conservation. *PLoS Biology* 9 (12): e1001220.

For more on the science behind the eBird data models, see: Fink, D. et al. (2010) Spatiotemporal exploratory models for broad-scale survey data. *Ecological Applications* 20 (8): 2131–47.

Hochachka, W. M. et al. (2012) Data- intensive science applied to broad-scale citizen science. *Trends in Ecology and Evolution* 27 (2): 130–137

To download the Merlin Bird ID app, visit: merlin.allaboutbirds.org

Biggest Week in American Birding: biggestweekinamericanbirding.com

Bird highways: Kranstauber, B. et al. (2015) Global aerial flyways all efficient travelling. *Ecology Letters* 18 (12): 1338–45.

Radar stations: Leshem, Yossi. Interview and emails. 23 March – 15 August 2016.

For more detail on avian radar, see: Dinevich L. et al. (2004) Detecting birds and estimating their velocity vectors by means of MRL- meteorological radar. *Ring* 26 (2): 35–53.

Roughly 500 million: Uhlfelder, E. 'Bloody Skies: The Fight to Reduce Deadly Bird-Plane Collisions.' *National Geographic.* 8 November 2013. news.nationalgeographic.com/ news/2013/10/131108-aircraft-bird-strikes-faa- radar-science

Three civilian airports: Rossen, J. and Davis, J. 'Why don't more airports use radar to prevent dangerous bird strikes?' *Today.com.* 29 February 2015. www.today.com/money/ why-dont-more-airports-use-radar-prevent-dangerous- bird-strikes-t4081

北极燕鸥

Egevang, C. et al. (2010) Tracking of Arctic terns (*Sterna paradisaea*) reveals longest animal migration. *PNAS* 107 (5): 2078–81.

Fijn, R. et al. (2013) Arctic Terns (*Sterna paradisaea*) from the Netherlands migrate record distances across three oceans to Wilkes Land, East Antarctica. *Ardea* 101: 3–12.

企 鹅

Fretwell, P. et al. (2012) An emperor penguin population estimate: The first global, synoptic survey of a species from space. *PLoS ONE* 7 (4): e33751.

Between 270,000 and 350,000: del Hoyo, J., Eliot, A., Sargatal, J. (eds.) 'Emperor penguin.' *Handbook of the Birds of the World,* vol. 1. Barcelona: Lynx Edicions, 1992.

The great thing about emps: Fretwell, Peter. Interview. 14 October 2015.

For more on counting other animals from space, see: Fretwell, P. et al. (2014) Whales from space: Counting southern right whales by satellite. *PLoS ONE* 9 (2): e88655.

Stapleton, S. et al. (2014) Polar bears from space: Assessing satellite imagery as a tool to track Arctic wildlife. *PLoS ONE* 9 (7): e101513.

Yang, Z. et al. (2016) Spotting East African Mammals in Open Savannah from Space. *PLoS ONE* 9 (12): e115989.

信天翁

Croxall, J. et al. (2005) Global circumnavigations: Tracking year-round ranges of nonbreeding albatrosses. *Science* (307): 249–50.

Longline fishing boats: www.rspb.org.uk/ joinandhelp/donations/campaigns/albatross/ problem/threats.aspx

雁

Hawkes, L. A. et al. (2012) The paradox of extreme high-altitude migration in bar-headed geese (Anser indicus). *Proceedings of the Royal Society B* rspb.2012.2114.

On an April night: Swan, L. W. (1961) The Ecology of the High Himalayas. *Scientific American* 205 (4): 68–78.

Geese tended to minimize: Hawkes, Lucy. Interview. 3 March 2016.

鸥

Steinan, E. W. M. et al. (2016) GPS tracking

data of Lesser Black-backed Gulls and Herring Gulls breeding at the southern North Sea coast. *ZooKeys* 555: 115–24.

To view more gull tracks and stories, visit: lifewatch.inbo.be/blog

兀鹫

Williams, H. J. et al. (submitted). Identification of animal movement patterns using tri-axial magnetometry. *Under review at time of publication.*

Visualization is vital: Wilson, Rory. Interview. 19 April 2016.

Air is massively fickle: Shepard, Emily. Interview. 17 March 2016.

雪鸮

Brinker, Weidensaul and McGann quotes and Project SNOWstorm details: Interview. 15 Janaury 2016.

To view more owl tracks and stories, visit: www.projectsnowstorm.org

For more on cellular tracking, visit: www.celltracktech.com

白鹳

Flack, A. et al. (2016) Costs of migratory decisions: A comparison across eight white stork populations. *Science Advances* 2 (1): e1500931.

Aristotle: Birkhead, T., Wimpenny, J., Montgomerie, B. (2014) *Ten Thousand Birds: Ornithology Since Darwin.* Princeton: Princeton University Press.

Get up, fly to the dump: Flack, Andrea. Interview. 16 December 2016.

Prinzesschen: Berthold, P. et al. (2004) Long-term satellite tracking of white stork (*Ciconia ciconia*) migration: constancy versus variability. *Journal of Ornithology* 145: 356–9.

Headstone: Schmidt, O. 'The Story of

the Little Princess.' *The Cape Bird Club.* www.capebirdclub.org.za/articles-promerops%20au- gust%202007%20story%20little%20princess.html

果蝠

Fahr, J. et al. (2015) Pronounced seasonal changes in the movement ecology of a highly gregarious central-place forager, the African straw-coloured fruit bat (*Eidolon helvum*). *PLoS ONE* (10): e0138985.

I am in the field: Dechmann, Dina. Email. 3 March 2016.

Imagine a fruit-eating bat: Ibid.

油鸱

Holland, R. et al. (2009) The secret life of oilbirds: New insights into the movement ecology of a unique avian frugivore. *PLoS ONE* 4 (12): e8264.

Where the light began to fail: Humboldt, Alexander von. (1814) Personal narrative of travels to the equinoctial regions of the New continent during the years 1799–1804. Available here: archive.org/details/ personalnarrati00humbgoog

A form of echolocation: Brinkløvv, S. et al. (2013). Echolocation in Oilbirds and swiftlets. *Frontiers in Physiology* 4 (123): 188–99.

Oilbirds fly out in the forest: Wikelski, Martin. Interview. 16 December 2015.

金翅莺

Streby, H. M. et al. (2015) Tornadic storm avoidance behavior in breeding songbirds. *Current Biology* 25: 98–102.

All these things happen: Streby, Henry. Interview. 8 April 2016.

鸣禽

Farine, D. R. et al. (2014) Collective decision making and social interaction rules in mixed-species flocks of songbirds. *Animal Behaviour* 95: 173–82.

Wandered around Wytham Woods: Birkhead, T., Wimpenny, J., Montgomerie, B. (2014) *Ten Thousand Birds: Ornithology Since Darwin.* Princeton: Princeton University Press.

熊　蜂

Hagen, M. et al. (2011) Space use of bumblebees (*Bombus* spp.) revealed by radio-tracking. *PLoS ONE* 6 (5): e19997.

Tiny vortices: Altshuler et al. (2005) Short-amplitude high-frequency wing strokes determine the aerodynamics of honeybee flight. *PNAS* 102 (50): 18213–8

Wright Brothers: Petersen, Robert. Interview. Dayton Aviation Heritage National Historical Park, Dayton, Ohio. 30 June 2014.

后 记

We shall not cease: Eliot, T. S. *Four Quartets.* London: Faber and Faber Ltd.

Look at the baiji: Johnson, Mark. Interview. 14 April 2016.

Alert your insurance company: www.insurethebox.com/telematics

Google's mapping app: en.wikipedia.org/wiki/Google_Traffic

Detect states of mind: Mehrota, A. et al. (2016) Towards multi-modal anticipatory monitoring of depressive states through the analysis of human-smartphone interaction. Proceedings of 1st Mental Health: Sensing and Intervention Workshop.

My own PhD research: Cheshire, J. A. & Longley, P. A. (2012) Identifying spatial concentrations of surnames. *International Journal of Geographical Information Science* 26 (2): 309–25.

Jack the Ripper: Le Comber S. C. & Stevenson M. D. (2012) From Jack the Ripper to epidemiology and ecology. *Trends Ecological Evolution* 27 (6): 307–8.

Banksy: Hauge M.V. et al. (2016) Tagging Banksy: using geographic profiling to investigate a modern art mystery. *Journal of Spatial Science* 61 (1): 185–90.

Where a new school is most needed: Singleton, A.D. et al. (2011) Estimating secondary school catchment areas and the spatial equity of access. Computers, *Environment and Urban Systems* 35 (3): 241–9.

Interaction between Nature and Society: Hägerstrand, T. (1976) Geography and the study of interaction between nature and society. *Geoforum* 7: 329–34.

用条形码技术研究生物多样性

Hebert, P. et al. (2003) Biological identifications through DNA barcodes. *Proceedings of the Royal Society B* 270 (1512): 313–21.

关于作者和译者

　　作为伦敦大学学院的高级讲师，詹姆斯·切希尔（James Cheshire）用自己的地图制图和编程技能，处理了科学家们收集到的巨量数据。奥利弗·乌贝蒂（Oliver Uberti）是《国家地理》杂志的前资深设计编辑，从记事起就一直在描绘和欣赏自然世界。奥利弗现居洛杉矶，他为本书做设计时住在密歇根州安阿伯市。詹姆斯和奥利弗畅销的首部作品《伦敦：信息之都》（London: The Information Capital）曾获 2015 年英国地图制图学会年度优秀制图奖。

　　译者谭羚迪，化学学士，海洋学硕士，现在山水自然保护中心从事城市生物多样性保护和环境教育。曾借助书中提到的感光记录器追踪蠼螋的繁殖行为，现在研究和保护的是热爱自然的人。

用条形码技术研究生物多样性

　　DNA 就像蓝图一样，告诉生命体该长出鳍足还是羽毛。2000 年，保罗·赫伯特（来自圭尔夫大学）发现，用 DNA 序列中一个很短的片段就可以鉴定物种，他把这样的片段叫 "DNA 条形码"。这里我们按书中的出现顺序，列出了本书中已测得条形码的动物。尽管外表不同，但在基因的层面上，我们非常相似。

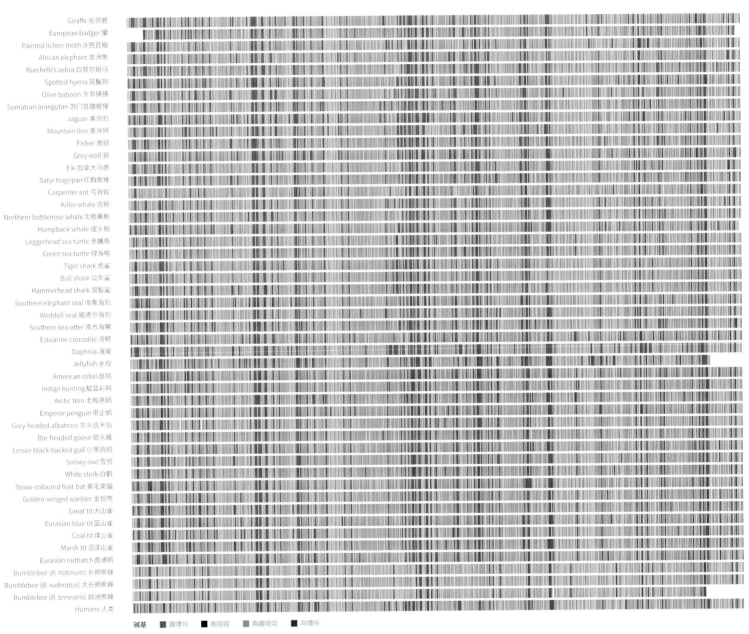

| 碱基 | ■ 腺嘌呤 | ■ 胞嘧啶 | ■ 胸腺嘧啶 | ■ 鸟嘌呤 |

Giraffe 长颈鹿
European badger 獾
Painted lichen moth 涂色苔蛾
African elephant 非洲象
Burchelli's zebra 白其尔斑马
Spotted hyena 斑鬣狗
Olive baboon 东非狒狒
Sumatran orangutan 苏门答腊猩猩
Jaguar 美洲豹
Mountain lion 美洲狮
Fisher 渔貂
Grey wolf 狼
Elk 加拿大马鹿
Satyr tragopan 红胸角雉
Carpenter ant 弓背蚁
Killer whale 虎鲸
Northern bottlenose whale 北瓶鼻鲸
Humpback whale 座头鲸
Loggerhead sea turtle 赤蠵龟
Green sea turtle 绿海龟
Tiger shark 虎鲨
Bull shark 公牛鲨
Hammerhead shark 双髻鲨
Southern elephant seal 南象海豹
Weddell seal 威德尔海豹
Southern sea otter 南方海獭
Estuarine crocodile 湾鳄
Daphnia 溞属
Jellyfish 水母
American robin 旅鸫
Indigo bunting 靛蓝彩鹀
Arctic tern 北极燕鸥
Emperor penguin 帝企鹅
Grey-headed albatross 灰头信天翁
Bar-headed goose 斑头雁
Lesser black-backed gull 小黑背鸥
Snowy owl 雪鸮
White stork 白鹳
Straw-coloured fruit bat 黄毛果蝠
Golden-winged warbler 金翅莺
Great tit 大山雀
Eurasian blue tit 蓝山雀
Coal tit 煤山雀
Marsh tit 沼泽山雀
Eurasian nuthatch 普通䴓
Bumblebee (B. hotorum) 长颊熊蜂
Bumblebee (B. ruderatus) 大长颊熊蜂
Bumblebee (B. terrestris) 欧洲熊蜂
Humans 人类

人类 DNA 的一条单链含有 3 百万个碱基；而表示人类的 DNA 条形码只需要 600 个碱基。

来源：苏基万·拉那辛汉，圭尔夫大学